新疆雷电防护装置检测人员能力测试题库

主　编：陈金根　郑国宏
副主编：刘兆旭　马亚伟
　　　　李　晨　胡东北

气象出版社
China Meteorological Press

U0874869

内容简介

本书依据雷电防护专业技术规范及雷电防护相关法律法规，撰写了新疆雷电防护装置检测人员能力测试题库，目的是为了促进雷电防护装置检测单位及从业人员提高雷电防护装置检测的质量和水平，保证检测结果的准确性和可靠性；帮助读者熟悉雷电防护行业相关法律法规，提升从业者的责任意识和服务意识，维护雷电防护装置检测行业的社会公信力和权威性。本书整理和汇总了新疆雷电防护装置检测人员能力评价测试题库，帮助读者巩固雷电防护装置专业知识、熟悉行业法律法规，有效提升防雷行业从业者的专业技术水平，更好地服务于雷电防护装置检测工作，为安全生产工作服务，创造更多、更好的经济和社会价值。

图书在版编目（CIP）数据

新疆雷电防护装置检测人员能力测试题库 / 陈金根，郑国宏主编 ； 刘兆旭等副主编. -- 北京 ： 气象出版社，2023.12

ISBN 978-7-5029-8078-8

Ⅰ. ①新… Ⅱ. ①陈… ②郑… ③刘… Ⅲ. ①防雷设施－检测－习题集 Ⅳ. ①TM862-44

中国国家版本馆CIP数据核字(2023)第200187号

新疆雷电防护装置检测人员能力测试题库

Xinjiang Leidian Fanghu Zhuangzhi Jiance Renyuan Nengli Ceshi Tiku

---

出版发行：气象出版社

地　　址：北京市海淀区中关村南大街46号　　**邮政编码**：100081

电　　话：010-68407112(总编室)　010-68408042(发行部)

网　　址：http://www.qxcbs.com　　**E-mail**：qxcbs@cma.gov.cn

责任编辑：王萃萃　郑乐乡　　**终　　审**：张　斌

责任校对：张硕杰　　**责任技编**：赵相宁

封面设计：楠竹文化

印　　刷：北京中石油彩色印刷有限责任公司

开　　本：787 mm×1092 mm　1/16　　**印　　张**：8.75

字　　数：227千字

版　　次：2023年12月第1版　　**印　　次**：2023年12月第1次印刷

定　　价：50.00元

本书如存在文字不清、漏印以及缺页、倒页、脱页等，请与本社发行部联系调换。

编委会

主　编：陈金根　郑国宏

副主编：刘兆旭　马亚伟　李　晨　胡东北

编　委：李　帅　张　晗　武泳柏　范子昂　杨继臣　孔子铭　樊　星　霍　达　苏　航　李缘红　杨青鹏　丁国峰

前　　言

随着信息技术和人工智能的飞速发展，作为信息传递载体的电磁波与对地放电产生的脉冲电磁波交织在一起，造成信息技术设备难免会受到干扰或者破坏，甚至危及人身安全。近些年来从雷电灾害发生数量和雷电灾害发生对象的统计上看，破坏数量剧增，破坏对象由室外也更多地转向了室内，造成的社会影响和经济损失极为严重。由此，如何做好雷电防护装置的安全检测工作也被越来越多的人关注。

《国务院关于优化建设工程防雷许可决定》(国发〔2016〕39 号)发布以来，雷电防护装置检测工作逐渐向市场放开，由于行业市场从业门槛低，一时间大量的公司和个人参与进来。但是从近些年市场反馈和职能部门开展监管工作中发现，一方面，从业者技术水平和服务质量参差不齐，缺乏统一的标准和规范，甚至存在一些违法违规行为，另一方面，从业者在面临着市场需求的变化和技术创新的挑战时，缺乏知识储备和应变能力，无法适应防雷减灾事业发展的需要。

雷电防护装置安全检测工作是一项涉及人民生命财产安全的重要工作，需要有专业的技术人员来执行，因此开展对从业人员的考核工作是非常有必要的。通过考核可以促进防雷检测单位提高防雷检测质量和水平，保证防雷检测结果的准确性和可靠性；通过考核可以监督防雷检测单位遵守防雷检测相关的法律法规和标准规范，防止防雷检测过程中的违法违规行为；通过考核可以评价防雷检测单位的综合能力和业绩，为防雷检测资质的授予和管理提供依据和参考；通过考核可以促进防雷检测行业的规范化和标准化，提高防雷检测行业的社会信誉和公众认可度。通过雷电防护装置安全检测考核工作，旨在提高从业单位防雷检测的技术水平，规范防雷检测的行业管理，促进防雷检测行业的高质量发展；提高从业者的责任意识和服务意识，保证防雷检测的准确性和有效性，维护防雷检测的公信力和权威性。最终可以促进防雷行业的高质量发展，提高防雷装置检测技术服务的社会效益和经济效益，为防雷减灾和社会安全做出贡献。

本书从法律法规和专业知识方面，整理和汇总最新的新疆维吾尔自治区雷电防护装置检测人员能力评价测试题库，帮助读者巩固防雷专业知识、熟悉相关法律法规，有效提升防雷行业从业者的专业技术水平，更好地服务于雷电防护装置检测工作，创造更多、更好的经济和社会价值。

由于时间和专业知识更新原因，书中错漏之处在所难免，敬请读者提出宝贵意见。

编者

2023 年 3 月

目　录

一、填空题

1.《爆炸和火灾危险场所防雷装置检测技术规范》给出了爆炸和火灾危险场所防雷装置检测的 一般规定 、 检测方法 及 周期 、 检测内容 及 技术要求 。

2. 爆炸和火灾危险场所穿过各防雷区交界处的 金属管线 以及建筑物内的设备 金属管道 、 电缆桥架 、电缆金属外皮、金属构架 钢屋架 和金属门窗等较大金属物，与 接地装置 或等电位连接带(板)的 电气连接 的过渡电阻不应大于 0.03 Ω 。

3. 地区雷暴日等级应根据 年平均雷暴日数 划分。

4. 少雷区:年平均雷暴日在 25 d 及以下的地区。

5. 中雷区:年平均雷暴日大于 25 d ，不超过 40 d 的地区。

6. 多雷区:年平均雷暴日大于 40 d ，不超过 90 d 的地区。

7. 强雷区:年平均雷暴日超过 90 d 的地区。

8. 保护对象应置于电磁特性与该对象 耐受能力相兼容 的雷电防护区内。

9. 需要保护的电子信息系统必须采取 等电位连接与接地 保护措施。

10. 机房等电位连接网络应与 共用接地系统 连接。

11. 各类等电位接地端子板之间的连接导体宜采用 多股铜芯导线 或 铜带 。

12. 某些特殊重要的建筑物电子信息系统可设 专用垂直接地干线 。

13. 各楼层设置接地端子板应与 垂直接地干线 连接。

14. 音、视频等专用设备工艺接地干线应通过 专用等电位接地端子板 独立引至设备机房。

15. 接地装置应优先利用建筑物的 自然接地体 。

16. 电子信息系统涉及多个相邻建筑物时，宜采用 两根水平接地体 将各建筑物的接地装置相互连通。

17. 当户外采用非屏蔽电缆时，从人孔井或手孔井到机房的引入线应 穿钢管埋地 引入。

18. 电子信息系统线缆宜敷设在 金属线槽 或 金属管道 内。

19. 室外进、出电子信息系统机房的电源线路不宜采用 架空线路 。

20. 电子信息系统设备由 TN 交流配电系统 供电时，从建筑物内总配电柜(箱)开始引出的配电线路必须采用 TN-S 系统 的接地形式。

21. 浪涌保护器应有 过电流保护装置 和 劣化显示 功能。

22. 电源线路浪涌保护器在各个位置安装时，浪涌保护器的连接导线应 短直 ，其总长度不宜大于 0.5 m 。

23. 人工接地体宜在建筑物四周散水坡外大于 1 m 处埋设，在土壤中的埋设深度不应小于 0.5 m 。

24. 垂直接地体坑内、水平接地体沟内宜用__低电阻率土壤__回填并__分层__夯实。

25. 钢质接地体应采用__焊接连接__。

26. 接地线、浪涌保护器连接线转弯时弯角应大于__90__度，弯曲半径应大于导线直径的__10__倍。

27. 当接闪器、杆塔和引下线的锈蚀部位超过截面的__三分之一__时，应更换。

28. 检测报告的__防雷检测单位__，应当对隐蔽工程进行__逐项检测__，并对检测结果负责。__检测报告__作为竣工验收的技术依据。

29.《防雷减灾管理办法》第十九条规定：投入使用后的防雷装置实行定期检测制度。防雷装置检测应当__每年一次__，对爆炸危险环境场所的防雷装置应当__每半年检测一次__。

30. 从事防雷装置检测的单位实行__资质管理__制度，对从事防雷装置检测专业技术人员实行__资格管理__制度。

31. 从事防雷检测的单位实行资质认定制度。__省、自治区、直辖市气象主管机构__负责本行政区域内的防雷检测单位的资质认定。

32. 具有防雷检测资质的单位对防雷装置检测后，__应当出具检测报告__。不合格的，提出__整改意见__。被检测单位拒不整改或者整改不合格的，由__当地气象主管机构__责令其限期整改。防雷检测单位必须执行国家有关标准和规范，保证防雷检测报告的__真实性、科学性、公正性__。

33. 已安装防雷装置的单位或者个人应当__主动申报__年度检测，并接受当地气象主管机构和当地人民政府__安全生产管理部门__的管理和监督检查。

34. 雷电灾害调查、鉴定和评估工作由__气象主管机构__负责。

35. 雷电灾害调查分析包括三个部分：是__调查__、__分析__和__统计__。

36. 遭受雷电灾害的组织和个人，应当及时向__当地气象主管机构__报告，并协助当地气象主管机构对雷电灾害进行调查与鉴定。

37.《防雷减灾管理办法》规定被许可单位以欺骗、贿赂等不正当手段取得资质、通过设计审核或者竣工验收的，有关气象主管机构按照权限给予__警告__，可以处__3 万元__以下罚款；已取得资质、通过设计审核或者竣工验收的，撤销__其许可证书__；被许可单位__三年内__不得再次申请资质认定；构成犯罪的，依法追究刑事责任。

38. 电磁感应是由于雷电流迅速变化，在它周围的空间产生瞬变的强__电磁场__，使附近导体上感应出很高的__电动势__。由雷电引起的__静电感应__和__电磁感应__统称为雷电__感应__。

39. 低压线路宜采用电缆埋地引入，当难于全长采用电缆时，允许在不小于 $2\sqrt{\rho}$ m 距离内改用__金属铠装电缆__或护套电缆穿钢管埋地引入。

40. 根据 GB 50057—2010 规定，第二类防雷建筑物直击雷防护的接闪网的网格尺寸应不大于__10 m×10 m__或__12 m×8 m__。

41. 根据 GB 50057—2010 的规定，第一类、第二类、第三类防雷建筑物防直击雷接闪带(网)的引下线应不少于__2__根，其设置间距应分别为__12 m__、__18 m__、__25 m__。

42. 第一类、第二类防雷建筑物防直击雷的独立接闪针、架空接闪线或架空接闪网应设立接地装置，每一引下线的__冲击__接地电阻不宜大于__10__Ω。

43. 第三类防雷建筑物的每根引下线的__冲击__接地电阻不宜大于__30__Ω。

44. 建筑物防直击雷装置接闪带(网)用圆钢制作时直径不应小于<u> 8 </u>mm;用扁钢制作时截面积不应小于<u> 48 </u>mm^2,其厚度不应小于<u> 4 </u>mm。

45. 人工垂直接地体的长度宜为<u> 2.5 </u>m,人工垂直接地体间的距离及人工水平接地体间的距离宜为<u> 5 </u>m。

46. 加油站、液化气站金属储油(汽)罐壁厚小于<u> 4 </u>mm时,应装设接闪针(网)。壁厚不小于<u> 4 </u>mm时,可不装设接闪针(网),但应接地,在年平均雷暴日不小于<u> 40 </u>d的地区仍应装设接闪针(网)。

47. 第一类防雷建筑物,独立接闪针和架空接闪线(网)支柱及其接地装置至被保护建筑物之间的距离不得小于<u> 3 </u>m。

48. 第一类建筑物防直击雷装置宜装设在建筑物上,并应在整个屋面组成尺寸不应大于<u> 5 m×5 m </u>或<u> 6 m×4 m </u>的接闪网格。接闪针(线)保护范围的滚球半径为<u> 30 m </u>。

49. 第二类防雷建筑物引下线不应小于<u> 2 </u>根,并应沿建筑物四周均匀或对称布置,其间距不应大于<u> 18 m </u>。同时每根引下线冲击接地电阻不应大于<u> 10 </u>Ω。

50. 建筑物接闪带、引下线可采用<u> 圆钢或扁钢 </u>,宜优先采用<u> 圆钢 </u>。圆钢直径不应小于<u> 8 mm </u>。扁钢截面不应小于<u> 48 mm^2 </u>,其厚度不应小于<u> 4 mm </u>。

51. 高度不超过<u> 40 m </u>的烟囱,可只设一根引下线,超过<u> 40 m </u>时应设两根引下线。烟囱的引下线采用圆钢时,其直径不应小于<u> 12 </u>mm;采用扁钢时,截面不应小于<u> 100 mm^2 </u>,厚度不小于<u> 4 mm </u>。

52. 电子计算机机房的低压配电系统应采用频率50 Hz、电压220/380 V<u> TN-S </u>或<u> TN-C-S </u>系统。

53. 信息系统机房绝缘体的静电电位不应大于<u> 1 kV </u>。

54. 省档案馆应划为<u> 三类 </u>防雷建筑物。当第一类防雷建筑物的面积占建筑物总面积的<u> 大于或等于30% </u>时,该建筑物宜确定为第一类防雷建筑物。

55. 接闪网和接闪带宜采用圆钢或扁钢,优先采用<u> 圆钢 </u>。圆钢直径不应小于<u> 8 mm </u>,扁钢截面不应小于<u> 48 mm^2 </u>,其厚度不应小于<u> 4 mm </u>。不得利用安装在接收无线电视广播的共用天线的杆顶上的接闪器保护<u> 建筑物 </u>。

56. 当烟囱上的引下线采用圆钢时其直径不应小于<u> 12 mm </u>。采用多根引下线时,宜在各引下线上于距地面<u> 0.3 m </u>至<u> 1.8 m </u>之间装设<u> 断接卡 </u>。

57. 单支接闪针高度为h,滚球半径为h_r,当$h>h_r$时,继续提高接闪针高度<u> 无助于 </u>扩大其保护范围。建筑物高于滚球半径高度以上部分,应使用<u> 水平接闪带(网) </u>敷设于楼顶平面,同时在滚球半径高度以上部分每隔<u> 不大于6 m </u>沿建筑物四周设水平<u> 接闪带(均压环) </u>并与引下线相连,将此高度以上的栏杆、门窗等较大的金属物与<u> 防雷装置 </u>连接,以防侧击雷。

58. 二类建筑物每根引下线的冲击接地电阻不应大于<u> 10 </u>Ω。防直击雷接地宜和<u> 防雷电感应 </u>、<u> 电气设备 </u>、<u> 信息系统 </u>等接地共用同一接地装置,并宜与埋地<u> 金属管道 </u>相连;当不共不相连时,两者间在地中的距离应符合规范的要求,但不应小于<u> 2 m </u>。

59. 在工程设计阶段,不知道信息系统的规模和具体位置的情况下,若预计将来会有信息系统,应在设计时将建筑物的<u> 金属支撑物 </u>、金属管道、配电的<u> 保护接地系统 </u>等与防雷装置组成一个共用接地系统,并应在一些合适的地方预埋<u> 等电位连接板 </u>。

60. 雷电是　发生在大气中的一种放电　的现象。

61. 雷电的破坏作用有　热效应　、　机械效应　、　电动力效应　、　静电效应　、　电磁感应　。

62. 雷电感应由　静电感应　和　电磁感应　组成，通信线路遭雷电感应后，雷电波以　行波形式　沿线路向两方向传播。

63. 由于雷击电磁脉冲严重程度不一样，建筑物内计算机信息系统（场地）的防雷保护区一般应划分为　$LPZ0_A$、$LPZ0_B$、LPZ1、LPZn后续防雷区　等区。

64. 所有进入建筑物的外来导电物应在 $LPZ0_A$ 或 $LPZ0_B$ 与 LPZ1 的界面处做　等电位连接　。当外来导电物、电力线、通信线在不同地点进入建筑物时，宜设若干等电位连接带，并应就近连到　接地体上　。

65. 有一座属于二类防雷建筑物的高层大厦，高度超过　45 m　时，尚应采取　防侧击雷　和　等电位　的保护措施。

66. SPD 叫作　电涌保护器　，它是一种利用　非线性元件　，用以限制瞬态过电压和引导电涌电流的器具。

67. 当长金属物的弯头、阀门、法兰盘等连接处的过渡电阻大于 0.03 Ω 时，连接处应用　金属线　跨接。

68. 架空接闪线和接闪网宜采用截面不小于　35　mm^2 的镀锌钢绞线。

69. 接闪针宜采用圆钢或焊接钢管制成，其直径不应小于下列数值：针长 1 m 以下，圆钢为　12 mm　，钢管为　20 mm　；针长 1～2 m，圆钢为　16 mm　，钢管为　25 mm　。

70. 接闪网和接闪带宜采用圆钢或扁钢，优先采用　圆钢　，扁钢截面不应小于　48 mm^2　，其厚度不应小于　4 mm　，圆钢直径不应小于　8 mm　。

71. 防雷接地与交流工作接地、直流工作接地、安全保护接地共用一组接地装置时，接地装置的接地电阻必须按接入设备中要求的　最小值　确定。

72. 电子信息系统设备由 TN 交流配电系统供电时，配电线路必须采用　TN-S　系统的接地方式。

73. 总等电位应设置在　$LPZ0_A$\\$LPZ0_B$\LPZ1 的交界处　。

74. SPD 第三级（限压型）的连接相线应为　铜　导线，最小截面积为　6 mm^2　，接地端连接应为　铜　导线，最小截面积为　10 mm^2　。

75. 钢质接地装置宜采用　焊接　连接，扁钢与扁钢搭接为　扁钢宽度的 2 倍且不少于三面施焊　。

76. 人工接地体在土壤中埋设深度　不小于 0.5 m　。

77. 当仅利用建筑物四周的钢柱或柱子钢筋作为引下线时，三类防雷钢柱或柱子间跨度为　18 m、27 m　。

78. SPD 第一级标称放电电流 10/350 μs 应为　≥20 kA　，8/20 μs 应为≥80 kA。

79. 各级 SPD 应分别安装在　被保护物的前端　。连接导线应　平直、其长度不应超过 0.5 m　。

80. GB 50057－2010 适用于　新建建筑物防雷设计，　不适用于　天线塔、共用天线电视接收系统、油罐、化工户外防雷设计。

81. 建筑物应根据其　重要性、使用性质、发生雷电事故的可能性和后果　，按防雷要求分为__三__类。

82. 各类防雷建筑物应采取防__直击雷__和__防雷电波__侵入的措施。

83. 安装有防雷装置的建筑物，在防雷装置与其他设施和建筑物内人员__无法隔离__的情况下，应采取__等电位__连接。

84. 独立接闪针的杆塔、架空接闪线的端部和架空接闪网的各支柱处应至少__设一根引下线__。对用金属制成或有焊接、绑扎连接钢筋网的杆塔、支柱，宜利用其作为__引下线__。

85. 独立接闪针、架空接闪线或架空接闪网应有__独立__的接地装置每一引下线的冲击接地电阻不宜大于__10 Ω__。在土壤电阻率高的地区可适当__增大__冲击接地电阻。

86. 第二类防雷建筑物当基础采用硅酸盐水泥和周围土壤的含水量不低于4%及基础的外表面无防腐层或有沥青质的防腐层时，宜利用__基础内的钢筋作为接地装置__。

87. 第二类防雷建筑物内的设备、管道、构架等主要金属物，应__就近__接至__防直击雷接地__装置或__电气设备的保护接地__装置上，可不另设__接地__装置。

88. 建筑物内防雷电感应的__接地干线__与__接地装置__的连接不应少于__两__处。

89. 建筑物遇雷电流侵袭引下线和接地装置产生的高电位对附近__金属物或电气线路__会构成反击。

90. 金属物或线路与引下线之间有自然接地或人工接地的钢筋混凝土构件、金属板、金属网等静电屏蔽物隔开时，金属物或线路与引下线之间的__距离__可不受限制。

91. 架空和直接埋地的金属管道在进出建筑物处应__就近__与防雷的接地装置相连，当不相连时，架空管道应__接地__，其冲击接地电阻不应大于__10__Ω。

92. 第二类防雷建筑物高度超过45 m的钢筋混凝土结构、钢结构建筑物，尚应采取以下__防侧击__和__等电位__的保护措施，应利用__钢柱或柱子钢筋__作为防雷装置引下线，应将45 m及以上__外墙上的栏杆、门窗等较大的金属物__与防雷装置连接；竖直敷设的金属管道及金属物的__顶端__和__底端__与防雷装置连接。

93. 第三类防雷建筑物防直击雷其接地装置宜与电气设备等__接地装置__共用。防雷的接地装置宜与埋地金属管道相连。当__不共用、不相连__时，两者间在地中的距离不应小于2 m。

94. 当一座建筑物中含有多类防雷建筑物时，其防雷措施宜符合：当防雷建筑物可能遭直接雷击时，宜按__各自类别__采取防雷措施；当防雷建筑物不可能遭直接雷击时，可不采取防直击雷措施，可仅按__各自类别__采取防雷电感应和防雷电波侵入的措施。

95. 固定在建筑物上的节日彩灯、航空障碍信号灯及其他用电设备的线路，应根据建筑物的重要性采取相应的__防止雷电波侵入__的措施。

96. 独立接闪针、架空接闪线（网）的支柱上严禁悬挂__电话线、广播线__、__电视接收天线__及__低压架空线__等。

97. 一类建筑物接闪网格__5 m×5 m或6 m×4 m__；二类建筑物接闪网格__10 m×10 m或12 m×8 m__；三类建筑物接闪网格__20 m×20 m或24 m×16 m__。

98. 所谓信息系统是指建筑物内许多类型的电子装置，包括计算机、__通信设备__、__控制装备__等的统称。

99. 屏蔽是减少__电磁干扰__的基本措施。

100. 对SPD的基本要求：__能承受预期通过的电流__，__通过电流时的最大箝压__和有能力熄灭在电流通过后产生的工频续流。

101. 防雷区界面处的最大电涌电压，即SPD的最大箝压加上其__两端引线的感应电压__应与所属系统的基本绝缘水平和设备允许的最大电涌电压协调一致。为使最大电涌电压足够低，其两端的引线应做到最短。一般不宜大于__0.5__m。

102. 请注明信息系统接至共用接地系统的等电位连接的基本方法。①是__S__型等电位连接网；②是__M__型等电位连接网。

103. 屏蔽层仅一端做等电位联结，另一端悬浮时，它只能防__静电感应__，防不了磁场强度变化所感应的电压。

104. 等电位连接的目的是减少设备之间或设备与其他金属导体之间的__电位差__。

105. 电磁屏蔽的目的__减少电磁干扰__。

106. GB 50057—2010 第六章 6.3.4 条规定，要在各__防雷区界面__处做等电位连接。

107. 环行接地体和内部环行导体应连接到钢筋或金属立面等其他屏蔽构件上，宜每隔__5 m__连接一次。

108. 利用混凝土柱内二根对角线主钢筋作为引下线时，其直径不应小于__10 mm__。

109. 引下线是连接__接闪器__与__接地体__的金属导体。

110. 接地装置是__接地线__和__接地体的总合。__

111. 建筑物防雷设计，应在认真调查地理、土壤、气象环境等条件和__雷电活动__规律以及__被保护物__的特点的基础上，详细研究防雷装置的形式及其布置。

112. 独立接闪针的杆塔、架空接闪线的端部和雷网的各支架处应至少设__1__根引下线。对用__金属__制成或有焊接、捆扎连接钢筋网的杆塔、支柱，宜利用其作为引下线。

113. 进出建筑物的各种金属管道及电器设备的装置，应在进出处与__防雷装置连接。__

114. 采用多根引下线时，为了便于测量接地电阻，以及检验引下线接地的连接状况，宜在各引下线距地面的__0.3～1.8 m__处设置断接卡。

115. 雷击在输电线路上感应出的__雷电侵入波__过电压能够沿__线路__进入建筑物，危及建筑物内的信息系统和电气设备。

116. 施工监督基础阶段要检查作为引下线的柱主筋的直径是否符合规范要求，直径≥16 mm__2__根一组，10 mm≤直径＜16 mm__4__根一组，标识应清晰。

117. 电子信息系统的机房应设__等电位连接__网络。共用接地装置应与__总等电位__接地端子板连接，通过接地干线引至__楼层等电位连接端子板__。接地干线应在__电气竖井__内明敷。

118.《中华人民共和国气象法》第三十一条，各级气象主管机构应当加强对雷电灾害防御工作的__组织管理__，并会同有关部门指导对可能遭受雷击的建筑物、构筑物和其他设施安装的雷电灾害防护装置的__检测__工作。安装的雷电灾害防护装置应当符合国务院气象主管机构__规定__的使用要求。

119.《中华人民共和国气象法》第三十七条，违反本法规定，安装不符合使用要求的雷电灾害防护装置的，由有关气象主管机构责令__改正__，给予__警告__。使用不符合使用要求的雷电灾害防护装置给他人造成损失的，依法承担__赔偿__责任。

120. 防雷装置施工单位应当按照__审核__同意的施工图设计文件进行施工，并接受气象主管机构的__监督检查__。

121. 粮、棉及易燃物大量集中的露天堆场，宜采取__防直击雷__措施。

122. 雷电灾害防御工作实行__预防为主、防治结合__的方针。

123. 为减少电磁干扰的感应效应，宜采取以下的基本屏蔽措施：__建筑物__和__房间__的外部设屏蔽措施，以__合适__的路径敷设线路，线路屏蔽。这些措施宜联合使用。

124. 进入一类防雷建筑物的低压线路至少应使用一段金属铠装电缆或护套电缆穿钢管直接埋地引入，其埋地长度不应小于__15__m。

125. 在我国现行法律中，只有《中华人民共和国__气象__法》明确规定了防雷工作的组织管理部门，即各级气象主管机构。

126.《中华人民共和国气象法》第三十一条规定："安装的雷电灾害防护装置应当符合__国务院气象主管机构__规定的使用要求。"

127.《中华人民共和国气象法》规定，__各级气象主管机构__应当加强对雷电灾害防御工作的__组织管理__。

128.《中华人民共和国气象法》规定，使用不符合使用要求的雷电灾害防护装置给他人造成损失的依法承担__赔偿__责任。

129.《中华人民共和国气象法》第三十七条规定："违反本法规定，__安装__不符合使用要求的雷电灾害防护装置的，由__有关气象主管机构__责令__改正__，给予__警告__。__使用__不符合使用要求的雷电灾害防护装置给他人造成损失的，依法承担__赔偿__责任。"

130. 防雷装置的设计实行__审核制度__，未经审核同意的设计方案，不得__交付施工__。

131.《中华人民共和国气象法》是__国家法律__，经全国人民代表大会审议通过，于1999年10月31日起正式施行；《新疆维吾尔自治区气象条例》是地方性__法规__，由__新疆维吾尔自治区人民代表大会常务委员会__审议通过，__1995年6月16日__起正式施行；中国气象局颁布《防雷减灾管理办法》是__部门规章__。

132.《防雷减灾管理办法》于2011年__7月21日__以__中国气象局第24号令__形式发布。《防雷减灾管理办法》对__监测与预警__，__防雷工程__，__防雷检测__，__雷电灾害调查、鉴定和评估__，__防雷产品__五个方面作了规定。

133. 国家鼓励和支持防雷减灾的__科学技术研究和开发__，推广应用__防雷科技研究成果__，加强__防雷标准化工作__，提高防雷技术水平，开展防雷减灾科普宣传，增强全民防雷减灾意识。

134. __外国组织和个人__在中华人民共和国领域和中华人民共和国管辖的其他海域从事防雷减灾活动，应当经国务院气象主管机构会同有关部门批准，并在__当地省级气象主管机构备案__，接受当地省级气象主管机构的__监督管理__。

135. __各级气象主管机构__应当组织有关部门加强对雷电和雷电灾害的发生机理等基础理论和防御技术等应用理论的研究，并加强对__防雷减灾技术__和__雷电监测__、__预警系统__的研究和开发。

136.《防雷减灾管理办法》所称防雷装置，是指__接闪器__、__引下线__、__接地装置__、__电涌保护器__及__其他连接导体__的总称。

137. 上级气象主管机构应当加强对下级气象主管机构防雷装置设计审核和竣工验收工作的__监督检查__，及时纠正__违规行为__。

138. 单位和个人发现违法从事防雷装置设计审核和竣工验收活动时，有权向县级以上地方气象主管机构__举报__，县级以上地方气象主管机构应当__及时核实、处理__。

139. 县级以上地方气象主管机构进行防雷装置设计审核和竣工验收监督检查时，有关单位和个人应当__予以支持和配合__，并提供工作方便，不得__拒绝与阻碍__依法执行公务。根据中国气象局《防雷减灾管理办法》规定，防雷装置的设计实行__审核__制度。

140. 防雷工程的施工单位应当按照__审核同意的设计方案__进行施工，并接受__当地气象主管机构__的监督管理。

141. __县级气象主管机构__按照有关规定负责本行政区域内的防雷装置的设计审核和竣工验收。

142. 防雷工程的施工单位应当按照__审核同意的设计方案__进行施工，并接受__当地气象主管机构__监督管理。在施工中__变更和修改__设计方案的，应当按照原申请程序重新__申请审核__。

143. 防雷工程未经__当地气象主管机构__验收或未取得__合格证书__的不得交付使用。

144. 防雷装置实行__竣工验收__制度。防雷工程竣工后，应向__当地气象主管机构__提出验收申请。验收合格的，由气象主管机构出具合格证书。验收不合格的，负责验收的气象主管机构作出不予核准的决定，书面告知理由。未取得合格证书的，不得投入使用。

145. 各级气象主管机构应当__组织__对本行政区域内的大型建设工程、重点工程、爆炸危险环境等建设项目进行__雷击风险评估__，以确保公共安全。

146. __省级气象学会__负责本行政区域内防雷专业技术人员的资格认定工作。防雷专业技术人员必须通过省级气象学会组织的考试，并取得相应的__资格证书__。

147. 气象主管机构应当对本级气象学会开展__防雷专业技术人员的资格__认定工作进行__指导和监督__。

148. 防雷装置设计审核和竣工验收的程序、文书等应当__依法予以公示__。

149. 防雷装置设计经审核合格的，许可机构应当办结有关审核手续，颁发__《防雷装置设计核准书》__。

150. 防雷装置设计经审核不合格的，许可机构出具__《防雷装置设计修改意见书》__。申请单位进行设计修改后，按照原程序报审。

151. 防雷装置设计审核许可机构应当在受理之日起__二十个工作日__内作出审核决定。

152. 防雷装置竣工验收申请材料不齐全或者不符合法定形式的，许可机构应当在收到申请材料之日起__五个工作日__内一次告知申请单位需要补正的全部内容，并出具__《防雷装置竣工验收资料补正通知》__。

153. 许可机构应当在收到全部防雷装置竣工验收申请材料之日起__五个工作日__内，按照《中华人民共和国行政许可法》第三十二条的规定，根据本规定的受理条件作出受理或者不予受理的__书面决定__，并对决定受理的申请出具__《防雷装置竣工验收受理回执》__。

154. 县级以上地方气象主管机构应当加强对防雷装置设计审核和竣工验收的__监督与检查__，建立健全监督制度，履行监督责任。公众有权查阅__监督检查记录__。

155. 接闪针接闪器长度为1～2 m时，用圆钢制作时直径不应小于__16__mm；钢管直径不应小于__25__mm。

156. 若从空间位置来分类，可将闪电分成__云内闪电、云际闪电、云地闪电__。

157. 建筑物的防雷应根据其__重要性、使用性质、发生雷电事故的可能性和后果__按防雷要求分为三类。

158. 北京人民大会堂其建筑应划为__二__类防雷建筑物。

159. 有一座属于一类防雷建筑物的高层大厦，高度为 92 m，在设计时应采用以下防侧击雷措施：从__30__m 起每隔不大于__6__m 沿建筑物四周设__水平接闪带并与引下线相连__。

160. 第二类建筑物防直击雷装置宜装设在建筑物上，并应在整个屋面组成尺寸不应大于__10 m×10 m__或__12 m×8 m__的接闪网格。接闪针(线)保护范围的滚球半径为__45 m__。

161. 加油站属于第__二__类防雷建筑物，钢油罐的防雷接地点不应小于__两__处，接地电阻不应大于__10__Ω。卸油场地防静电接地装置接地电阻不应大于__100__Ω。

162. 埋于土壤中的人工垂直接地体宜采用角钢、钢管或圆钢；埋于土壤中的人工水平接地体宜采用扁钢或圆钢。圆钢直径不应小于__10 mm__；扁钢截面不应小于__100 mm^2__其厚度不应小于__4 mm__；角钢厚度不应小于__4 mm__；钢管壁厚不应小于__3.5 mm__。

163. 当电源采用 TN 系统时，从建筑物内总配电盘(箱)开始引出的配电线路和分支线路必须采用__TN-S__系统。在一般情况下，当在线路上多处安装 SPD 且无准确数据时，电压开关型 SPD 与限压型 SPD 之间的线路长度不宜小于__10 m__，限压型 SPD 之间的线路长度不宜小于__5 m__。

164. 建筑物的防雷设计，应在认真调查__地理__、__地质__、__土壤__、__气象__、__环境__等条件和__雷电活动规律__以及被保护物的特点等的基础上，详细研究防雷装置的形式及其布置。

165. 电子计算机房电源进线应按现行国家标准《建筑防雷设计规范》采取防雷措施，电子计算机房电源进线应采用__地下直接埋设电缆__进线。当不得不采用架空线时，在低压架空电源进线处或专用电力变压器低压配电母线处应装设__低压__浪涌保护器。

166. 属于第二类防雷的露天钢质封闭气罐，壁后大于 4 mm 时，可不装设接闪器，但应接地，其接地点不应少于__2__处，两接地点间距离不宜大于__30__m，冲击接地电阻不应大于__30__Ω。

167. 为减少电磁干扰的感应效应，宜采取以下的基本屏蔽措施：__建筑物__和__房间__的外部设屏蔽措施，以__合适__的路径敷设线路，线路屏蔽。这些措施宜联合使用。

168. 我国__《建筑物防雷设计规范》__规定，根据建筑物的重要性、使用性质、__发生雷击事故的可能性__和被雷击后引起后果的严重程度，把需要采取防雷措施的建筑物分为三类，用滚球法计算其__直击雷防护__范围时，一、二、三类建筑物分别选择__30 m__、__45 m__、__60 m__的滚球半径。

169. GB 50057—2010 规范适用于__新建建筑物的防雷设计__，而不适用于__天线塔、共用天线接地系统、油罐、化工户外装置__的防雷设计。

170. 第一类、第二类、第三类防雷建筑物首次雷电流幅值分别为__200__kA、__150__kA、__100__kA，其雷电流陡度 di/dt 分别为__20__kA/μs、__15__kA/μs、__10__kA/μs。

171. 中国石化集团天津石油化工总厂的原油泵房，建筑物防雷应划为__二__类。

172. 人工接地体在土壤中埋设深度不应小于__0.5__m。接地体应远离由于砖窑、烟道等高温影响使土壤电阻率升高的地方。

173. 某地平均雷暴日为 20 d/a，要建一座 16 m 高的水塔，应按__第三__类防雷建筑物进行设计。

174. 当一类防雷建筑物太高或其他原因难以装设独立接闪针(带,网)时,其防直击雷的接地装置应 围绕建筑物 敷设成 环形 接地体,每根引下线的冲击接地电阻不应大于 10 Ω。

175. 最大持续运行电压 U_c 是选择 220/380 V 三相配电系统中的电涌保护器(SPD)时的一项重要指标,TN 制供电系统中安装的 SPD 的 U_c 不应小于 253 V。

176. 在防雷设计中,当接闪器成闭合环路或网状的多根引下线时,引下线的分流系数 k_c 应为 0.44 。当该接闪器被 10 kA 的雷暴击中时,每根引下线的雷电流是 $k_c \times 10\ \text{kA}/n$ 。

177. 建筑物的防雷应根据其 重要性 、 使用性质 、 发生雷电事故的可能性和后果 ,按防雷要求分为三类。西宁市有一个烟花爆竹厂,其生产车间(装置火药),应属于 第一 类防雷建筑物。

178. 防直击雷的人工接地体距建筑物出入口或人行道不应小于 3 m。

179. 敷设引下线时,应在各引下线上于距地面 0.3 m 至 1.8 m 之间装设断接卡,以便以后检测。

180. 电涌保护器(SPD)必须能承受预期通过它们的雷电流,并应符合以下两个附加要求: 通过电涌时的最大钳压 , 有能力熄灭在雷电流通过后产生的工频续流 。

181. 粮、棉及易燃物大量集中的露天堆场,宜采取 防直击雷 措施。

182. 电磁场强度没有得到衰减,但各物体不可能遭到大于所选滚球半径对应的雷电流直接雷击的防雷保护区是 $\text{LPZ}0_\text{B}$ 区。

183. 当利用建筑物基础内钢筋网作为接地体时,在周围地面以下距地面不小于 0.5 m,二类防雷建筑物每根引下线所连接的钢筋表面积总和 S 大于 $4.24\ k_c^2$;三类防雷建筑物每根引下线所连接的钢筋表面积总和 S 大于 $1.89\ k_c^2$ 。

184. 在做雷电防护工程时,接闪器应做 热镀锌 或 涂漆 等防腐处理。在腐蚀性较强的场所,应采取 加大其截面 或其他防腐措施。对各类防雷建筑物,用铜或镀锌钢做等电位连接带时,其截面不应小于 50 mm^2。

185. 为了防雷击电磁脉冲,所有进入建筑物的外来导电物均应在 $\text{LPZ}0_\text{B}$ 区 与 LPZ1 区 的界面处做等电位连接。

186. 测得某防雷设施接地装置的工频接地电阻为 15 Ω,土壤电阻率为 1000 Ω · m,实际接地体长度为 38 m,则其接地体有效长度 l_e 为 63.2 m,接地电阻换算系数 A 为 1.5 ,冲击接地电阻为 10 Ω。

187. 宜利用建筑物基础 地桩(或地梁) 和 承台 内的主筋焊接作为水平接地体,利用 结构柱内 的主筋焊接作为引下线/接闪器和接地装置。

188. 国家级计算中心、国际通信枢纽等对国民经济有重要意义且装有大量电子设备的建筑物,应划为 第二类 防雷建筑物;凡制造、使用或贮存炸药、火药、起爆药、火工品等大量爆炸物质的建筑物,因电火花而引起爆炸、会造成巨大破坏和人身伤亡的,应划为 第一类 防雷建筑物;预计雷击次数大于或等于 0.06 次/a 的一般性工业建筑物,应划为 第三类 防雷建筑物。

189. 金属油罐必须作 防雷 接地,其接地点不应少于 2 处,其弧形间距不应 大于 30 m 。

190. 屋面接闪带支持架间距 0.5～1.5 m ,应 天面四周 布置。等电位连接带与接地装置之间的接地母线应采用不小于 50 mm^2 的铜芯线。

191. 第一类防雷建筑物防雷电感应措施，应符合下列要求：当长金属物的弯头、阀门、法兰盘等连接处的过渡电阻大于 0.03 Ω 时，连接处应 用金属线跨接 。对有不少于 5 根螺栓连接的法兰盘，在非腐蚀环境，可 不跨接 。

192. 一类防雷建筑物高于 30 m 时，二类防雷建筑物高度超过 45 m 时，尚应采取防侧击和等电位保护措施。

193. 第一类防雷建筑物防止雷电波侵入的措施，应符合下列要求：低压线路宜全线采用电缆直接埋地敷设，在入户端应将电缆的 金属外皮 、钢管接到防雷电感应的接地装置上。

194. 接闪针宜采用圆钢或焊接钢管制成，针长 1 m 以下的圆钢为 12 mm，钢管为 20 mm。

195. 高层建筑屋顶的较大金属体可不装接闪器，但应与屋面防雷装置 相连 。

196. 有一座属于一类防雷建筑物的高层大厦，高度为 92 m，在设计时应采用以下防侧击雷措施：从 30 m 起每隔不大于 6 m 沿建筑物四周设 水平接闪带并与引下线相连 。

197. 外部防雷保护系统主要由 接闪器 、 引下线 、 接地装置 组成。

198. 高层建筑的防雷接地原则上应采用 共用接地系统 为主。

199. 所谓信息系统是指建筑物内许多类型的电子装置，包括 计算机 、 通信设备 、 控制装置 等的统称。

200. 屏蔽是减少 电磁干扰 的基本措施。

201. 为减少电磁干扰的感应效应，宜采取以下的基本屏蔽措施： 建筑物 和 房间 的外部设屏蔽措施，以 合适 的路径敷设线路，线路屏蔽。这些措施宜联合使用。

202. 第一类防雷建筑物接闪网格的尺寸不应大于 5 m×5 m 或 6 m×4 m 。第二类防雷建筑物接闪网格的尺寸不应大于 10 m×10 m 或 12 m×8 m 。第三类防雷建筑物接闪网格的尺寸不应大于 20 m×20 m 或 24 m×16 m 。

203. 所有进入建筑物的外来导电物均应在 $LPZ0_A$ 区或 $LPZ0_B$ 区与 LPZ1 区 的界面处做等电位连接。

204. 第二类防雷建筑物竖直敷设的金属管道及金属物体的 顶端 和 底端 与防雷装置连接。

205. 当互相邻近的建筑物之间有电力和通信电缆连通时，宜将其 防雷装置 互相连接。

206. 气象台（站）的雷电防护分为 三级 ，气象信息系统的雷击电磁脉冲的防护分为 四级 。

207. 第一类防雷建筑物防雷电感应的接地装置应和电气设备接地装置共用，其工频接地电阻不应大于 10 Ω ，防雷电感应的接地装置与防直击雷的接地装置之间的最小距离为 3 m 。

208. 市郊旷野某炸药仓库，长 10 m、宽 7 m、高 5 m，该炸药仓库年预计雷击次数为 0.05 次/a[已知 N_g=6.01 次/(km^2 · a)]。

209. 新一代天气雷达站雷击电磁脉冲的防护，应适当加密雷达机房和控制室的外墙钢筋密度。其钢筋密度网孔一般不大于 200 mm×200 mm 。墙上敷设的电缆、光缆与接闪引下线最小平行净距离为 1 m 。

210. 单支接闪针地面保护半径在 接闪针高度等于滚球半径 情况下为最大，其最大值为 滚球半径 。

211. 除第一类防雷建筑物外，金属屋面的建筑物宜利用其作为接闪器，但金属板下面有易燃物品时，其厚度，铁板不应小于 4 mm ，铜板不应小于 5 mm ，铝板不应小于 7 mm 。

212. 可燃性气体放空管路必须装设接闪针，接闪针的保护范围应高于管口不小于 2 m ，接闪针距管口的水平距离不得小于 3 m 。

213. 高度不超过 40 m 的烟囱，可只设一根引下线，超过该高度时应设两根引下线。

214. 某市有一座位于市郊旷野孤立的疗养院，建筑物群长 200 m，宽 100 m，高 25 m，该疗养院年预计雷击次数为 0.39 次/a(某市年平均雷暴天数为 63.2 d)。

215. 等电位连接的目的在于减少需要防雷的空间内各金属部件和系统之间的 电位差 。

216. 接地体的有效长度按 $2\sqrt{\rho}$ m 确定。

217. 在土壤电阻率 $\rho \leqslant 3000\ \Omega \cdot m$ 的周围地面以下距地面不小于 0.5 m，每柱子 引下线 基础内所连接的钢筋表面积总和为 0.82 m^2， 第二类 ， 第三类 为 0.37 m^2。

218. GB 50057 规范将建筑物防雷方法分为 防直击雷 防雷电波侵入和 防雷电感应 。

219. 在土壤电阻率为 200 Ω·m 的地方建造一周长 60 m 闭合地网，实测工频接地电阻值 5.8 Ω，则地网中心点的冲击电阻应为 2.9 Ω。

220. 第一类防雷建筑物防雷电感应的接地装置应和电气设备接地装置共用，其工频接地电阻不应大于 10 Ω ，防雷电感应的接地装置与防直击雷的接地装置之间的最小距离为 3 m 。

221. 多雷区为年平均雷暴日数在 20 d 以内的地区。

222. 在设计接闪器时，可采用 接闪针 、 接闪带 、 接闪网 之一或任意组合。

223. 在独立接闪针、架空接闪线(网)的支柱上严禁悬挂 电话线 、 广播线 、 电视接收天线 及 低压架空线 等。

224. 采用多根引下线时，宜在各引下线上于距地面 0.3 m 至 1.8 m 之间装设 断接卡 。

225. 第一、二类防雷建筑物防雷电感应的措施，当平衡敷设的管道、构架和电缆金属外皮等长金属物，其净距小于 100 m 时应采用 金属线 跨接，跨接点的间距应大于 30 m 。

226. 在 TN 系统中，选择 220/380 V 三相系统中的 SPD，其最大持续运行电压 U_c 应不小于标称电压(U_0=220 V)的 1.15 倍。

227. 建筑物防雷设计除应执行《建筑物防雷设计规范》的规定外，尚应符合国家 现行 有关 标准和规定 的规定。

228. 进入一类防雷建筑物的低压线路至少应使用一段金属铠装电缆或护套电缆穿钢管直接埋地引入，其埋地长度不应小于 15 m。

229. 有爆炸危险的露天钢质封闭气罐当其壁厚不小于 4 mm 时，可不装接闪器，但应接地，且接地点不得少于 2 处，两接地点间距离不宜大于 30 m，接地电阻不应大于 30 Ω。

230. 油罐防感应雷接地电阻不应大于 10 Ω。在需要防雷的空间内防发生生命危险的最重要措施是采用 等电位连接 。

231. 加油站用于汽车油罐车卸油的防静电接地装置，工频接地电阻不应大于 100 Ω。

232. 装有防雷装置的建筑物与其他设施和建筑物内人员无法隔离的情况下，应采取 共用接地体 ，它的基本形式为： 垂直接地体、水平接地体 。

233. 在平均雷暴日大于 15 d/a 的地区，高度在 15 m 及以上的烟囱、水塔等孤立高耸建筑物应划为第三类防雷建筑物；预计雷击次数大于 0.3 次/a 的住宅、办公楼等一般性民用建筑物应划为第二类防雷建筑物。

234. 电磁场强度没有衰减的防雷区分为 $LPZ0_A$ 和 $LPZ0_B$ 两种。

235. 在高土壤电阻率地区，降低防直击雷接地装置接地电阻宜采用下列方法：采用多支线外引接地装置，外引长度不应大于有效长度，有效长度应符合 GB 50057—2010 附录 C 的规定，接地体埋于较深的低电阻率土壤中，采用降阻剂。

236. 根据对雷电所测量的参数得知，雷电流最大幅值出现于 首次雷击 ，雷电流最大陡度出现于 后续雷击 。

237. 穿钢管和两端连接的目的在于使其起 屏蔽 、 分流 和 集肤 作用。

238. 人工垂直接地体的长度宜为 2.5 m 。其间距不宜小于其长度的 2 倍。

239. 接闪针(网、带)及其接地装置，应采取自 下 而 上 的施工程序。首先安装 接地装置 ，后安装 引下线 ，最后安装 接闪器 。

240. 接地装置是 接地体 和 接地线 的总和。

241. 某地平均雷暴日为 20 d/a，要建一座 16 m 高的水塔，应按 第三 类防雷建筑物进行设计。

242. 当一类防雷建筑物太高或其他原因难以装设独立接闪针(带、网)时，其防直击雷的接地装置应 围绕建筑物 敷设成 环形 接地体，每根引下线的冲击接地电阻不应大于 10 Ω。

243. 防直击雷的人工接地体距建筑物出入口或人行道不应小于 3 m。

244. 对各类防雷建筑物，用铜或镀锌钢做等电位连接带时，其截面不应小于 50 mm^2。

245. 为了防雷击电磁脉冲，所有进入建筑物的外来导电物均应在 $LPZ0_B$ 与 LPZ1 的界面处做等电位连接。

246. 制造、使用或贮存爆炸物质的建筑物，且电火花不易引起爆炸或造成巨大破坏和人身伤亡的应划为 第二 类防雷建筑物。

247. 某市某工厂有一孤立水塔，高 18 m，该水塔应划为 第三 类防雷建筑物。(注：某市年平均雷暴日为 77.5 d)

248. 兰州交易会展览中心，其建筑物防雷应划为 第二 类。某加油站泵房应划为 第二 类防雷建筑物，汽油金属罐罐壁厚度应不小于 4 mm。

249. 有一高度 50 m 的砖结构烟囱，应设 2 根防雷引下线，因下限采用圆钢是应不小于 12 mm 。

250. 有一座属于一类防雷建筑的高层大厦，高度为 92 m，在设计时应采用以下防侧击雷措施：从 30 m 起每隔不大于 6 m 沿建筑物四周设 水平接闪带并与引下线相连 ；从 30 m 及以上外墙上的栏杆、门窗等较大的金属物与 防雷装置连接 。

251. 某厂区测得土壤电阻率为 500 Ω·m，用摇表测得接闪针的接地电阻为 12.0 Ω，引下线接地点至接地体最远端为 13.4 m，则计算得接闪针接地冲击电阻为 8 Ω。

252. 根据 IEC 要求，电涌保护器应安装在建筑物电气装备的 电源进线端附近 ，或安装在离建筑物内电气装置 电源进线端最近 的主成套配电设备内。

253. 在 TN-S 系统中，电涌保护器的接线方式可以是：接在 每一相线 与总接地端子或总保护线之间，以及接在 中性线 与总接地端子或保护线之间，取其路径 最短者 。

254. 在TN-S系统中，电涌保护器的接线方式可以是：接在 每一相线 与中性线之间，以及接在中性线与 总保护端子或保护线 之间，取其路径 较短者 。

255. 230/400 V电气装置内的电涌保护器的电压保护水平 U_P 不应超过 2.5 kV 。

256. 在TN-S系统中，电涌保护器的最大持续工作电压 U_C 不应低于 U_0 的 1.1 倍。

257. 根据IEC规定，装设电源保护器，对每一保护模式的标称放电电流 I_n 不应小于 5 kA 8/20 μs 。

258. 电涌保护器和与之相连接的 过电流保护器 一起耐受的短路电流应 等于或大于 安装处预期产生的最大短路电流。

259. 在TN-S系统中，当采用自动切断供电时，一般可在电涌保护器的电源侧装设 过电流保护器 实现间接接触防护。

260. 安装在电气装置电源进线端或靠近进线端处的电涌保护器接地线的最小截面应是不小于 4 mm^2 的铜线或与其等效。

261. 电涌保护器的设计类型有 电压开关型 、 电压限制型 、 复合型 三种。

262. 电涌保护器有 热保护 、 泄漏电涌保护 、 过电流保护 三种保护功能。

263. 如果在相邻的建筑物之间有电力和通讯电缆通过，应将其 接地系统 相互连接，并且在 接地系统 间有多条并行通路，以减少 流经电缆的电流 。

264. 评估屏蔽效能应采用 雷电流幅值密度 及相应的 磁场幅值密度 。

265. 为减小感应效应而采取的屏蔽及布线措施通常有 外部屏蔽措施 、 适当的布线措施 、 线路屏蔽措施 ，这些措施可组合使用。

266. 应对进入建筑物的所有外来导电部件作 等电位连接 ，如果外来导电部件架空进入，则 等电位连接带 应连接至墙内或墙外的 水平环形接地导体上 ，该 环形导体 不仅应连接至钢筋上，而且应连接至 引下线上 。

267. 当采用S型等电位连接网络时，除了等电位连接点外，系统的 所有金属部件 应与 共同接地系统部件 做充分的绝缘（或隔离）。

268. 采用M型等电位连接网络时，系统的 金属部件 不应与 共同接地系统部件 绝缘。

269. 雷达站建（构）筑物的外部防雷设计应按GB 50057—2010 第二类 防雷建筑物的要求进行设计。

270. 在雷达站建筑物设计施工时，宜提供在雷达天线罩外安装不少于 二支 、间距 相等 的独立接闪针的条件，接闪针与雷达天线罩的水平距离不宜小于 3 m 。

271. 在安装雷达天线基座的平台时，应安装不少于 二支 的接闪针或接闪线接闪，接闪针高度用 滚球法 计算确定，以使雷达天线水平面处于 $LPZ0_B$ 区内，每支接闪针必须与建筑物外墙结构柱子 主钢筋 电气连接，连接导体应使用 4 mm×4 mm 镀锌扁钢或 ∅12 镀锌圆钢。

272. 为减少接闪针或架空接闪线金属支撑杆对雷达工作的影响，其应在雷达天线仰角 零度下边缘 以上使用一段 高强度玻璃钢管 替代金属杆，并使用截面积不小于 50 mm^2 的多股铜线实现接闪器与金属支撑杆的电气连接。接闪器的接闪针长度不应大于 1 m ，使用圆钢的直径不应小于 16 mm ，使用钢管的直径不应小于 25 mm 。

273. 雷达天线至机房的电缆线入口处应用 金属罩屏蔽 并 接地 。

274. 雷达机房和控制室的外墙的钢筋宜适当加密，钢筋网孔不宜大于 200 mm×200 mm 。雷达机房和控制室应使用金属板门，窗上应加设网孔不大于 200 mm×200 mm 的金属网。金属门和网与建筑物内的主钢筋应做 可靠电气连接 。

275. 雷达机房和控制室内的设备距外墙及梁柱的距离一般不应小于 1000 mm ，条件不允许时应对设备采取 电磁屏蔽 措施。

276. 屏蔽是减少 电磁干扰 的基本措施。为减少感应效应宜采取以下措施： 外部屏蔽措施 ， 线路敷设于合适的路径 ， 线路屏蔽 。这些措施宜联合使用。

277. 为改进电磁环境，所有与建筑物组合在一起的大尺寸金属件部应 等电位连接在一起 ，并与 防雷装置 相连。

278. 使用含有金属部件的光缆，应接通光缆沿线的所有接头、再生器等处的挡潮层，并在光缆长度每一端的终端进行 直接接地 或 通过开关型 SPD 接地 。

279. 综合布线电缆与 380 V 电力电缆（<2 kV·A）的间距应满足：两者平行敷设时，其最小净距为 130 mm ；有一方在接地的金属线槽或钢管中，其最小净距为 70 mm ；双方都在接地的金属线槽或钢管中，其最小净距为 10 mm 。

280. 综合布线电缆与 380 V 电力电缆（2～5 kV·A）的间距应满足：两者平行敷设时，其最小净距为 300 mm ；有一方在接地的金属线槽或钢管中，其最小净距为 150 mm ；双方都在接地的金属线槽或钢管中，其最小净距为 80 mm 。

281. 综合布线电缆与 380 V 电力电缆（>5 kV·A）的间距应满足：两者平行敷设时，其最小净距为 600 mm ；有一方在接地的金属线槽或钢管中，其最小净距为 300 mm ；双方都在接地的金属线槽或钢管中，其最小净距为 15 mm 。

282. 全部雷电流 i 的 50% 流入建筑物防雷设备的接地设备，其另 50% 标称放电电流（i_s）分配于引入建筑物的各种设施（n 个），流入每一设施的电流等于 i_s/n 。

283. 电涌保护器必须能承受预期通过它们的 一部分雷电流 ，并应符合下列两个附加条件： 对电涌的最大箝压 ， 有能力熄灭从电源跟着流经它们的电流 。

284. 建筑物进线处的最大电涌电压是指 电涌保护器的最大箝压 与 其两端导线的感应电压 之和，其应与信息系统各位置上的承受能力相一致。

285. 电涌保护器按组成的非线性元件特性可分为 电压开关型 、 电压限制型 和 混合型 。选用时应根据安装所处的雷电防护区和雷电击中建筑物时 雷电流分布估算 而区别选择安装。

286. 电涌保护器的安装需注意以下事项， Ⅰ级分类试验的 SPD 可安装于建筑物的入口处， Ⅱ、Ⅲ级分类试验的 SPD 一般应靠近被保护设备安装；为避免不必要的感应回路，SPD 与被保护设备之间应采用 无回路 或 小回路 方式安装。

287. SPD 的安装可以进行多级配合，一般情况下，在线路上多处安装 SPD 时，电压开关型 SPD 与限压型 SPD 的线路长度小于 10 m 时和限压型 SPD 之间线路长度小于 5 m 时，宜串接退耦装置。

288. 在爆炸危险环境中使用 SPD 应具备 防爆功能 。

289. 第一类、第二类、第三类防雷建筑物引下线不应少于两根，并应沿建筑物四周均匀或对称布置，其间距第一类不应大于 12 m ，第二类不应大于 18 m ，第三类不应大于 25 m 。

290. 第一类防雷建筑物滚球半径为 30 m ，接闪网的网格尺寸不应大于 5 m×5 m 或

6 m×4 m ;第二类防雷建筑物滚球半径为 45 m ,接闪网的网格尺寸不应大于 10 m×10 m 或 12 m×8 m 。第三类防雷建筑物滚球半径为 60 m ,接闪网的网格尺寸不应大于 20 m×20 m 或 24 m×16 m 。

291. 高雷区为年平均雷暴日大于 40 d ,不超过 60 d 的地区。

292. 信息系统的各种箱体、壳体、机架等金属组件与建筑物的共用接地系统的等电位连接应采用以下两种基本形式的等电位连接网络之一: S 型星形结构 和 M 型网形结构 。

293. 电子信息系统内部防雷措施主要包括安装 SPD、合理布线、共用接地系统、 屏蔽 和 等电位连接 。

294. 浪涌保护器连接导线应平直,其长度不宜大于 0.5 m 。当两级浪涌保护器线路长度过小时,可在两级浪涌保护器之间加装 退耦装置 。

295. 保护分级为 B 级的第一级电源线路浪涌保护器标称放电电流为 ≥60 kA (8/20 μs),第二级电源线路浪涌保护器标称放电电流为 ≥40 kA (8/20 μS),第一级电源线路浪涌保护器标称放电电流为 ≥20 kA (8/20 μS)。

296. 接地装置与室内总等电位连接带的连接导体截面积,铜质接地线不应小于 50 mm^2 ,钢质接地线不应小于 80 mm^2 。

297. 电子信息系统线缆与防雷引下线的最小平行净距 1000 mm ,最小交叉净距 300 mm 。

298. 防雷装置用于对建筑物进行雷电防护的整套装置,由 外部防雷装置 和 内部防雷装置 组成。

299. 外部防雷装置用于防护直击雷的防雷装置,由 接闪器、引下线和接地装置 组成。

300. 内部防雷装置用于减小雷电流在所需防护空间内产生的电磁效应的防雷装置,由 屏蔽导体、等电位连接件和电涌保护器 等组成。

301. 接地体是指埋入土壤或混凝土基础中作 散流 用的导体。

302. 从 引下线断接卡或测试点 至接地体的连接导体,或从 接地端子、等电位连接带 至接地体的连接导体称为接地线。

303. 共用接地系统是将防雷装置、 建筑物基础金属构件 、 低压配电保护线 、 设备保护接地 、 屏蔽体接地 、 防静电接地 和 信息技术设备逻辑地 等相互连接在一起的接地系统。

304. 电涌保护器是用于限制 瞬态过电压 和分泄 电涌电流 的器件。

305. 后备过电流保护位于电涌保护器外部的 前端 ,作为电气装置的一部分的 过电流 保护装置。

306. 内部系统是指建筑物内的 电气和电子 系统。

307. 由 低压供电 组合部件构成的系统称为电气系统。

308. 电子系统指由 通信设备、计算机、控制和仪表系统、无线电系统和电力电子装置 构成的系统。

309. 检验批是按同一 生产条件或规定的方式 汇总起来供检验用的,由一定的数量样本组成的检验体。

310. 建筑工程中对 安全、卫生、环境保护和公众利益 起决定性作用的检验项目称为主控项目。

311. 一般项目指除__主控项目以外__的检验项目。

312. 施工人员、资质和计量器具应符合下列要求：(1)__施工中的各工种技工、技术人员均应具备相应的资格，并应持证上岗__；(2)__施工单位应具备相应的施工资质__；(3)__在安装和调试中使用的各种计量器具，应经法定计量认证机构检定合格，并应在检定合格有效期内使用__。

313. 防雷工程采用的主要设备、材料、成品、半成品进场检验结论应有__记录__，并应在确认__符合 GB 50601《建筑物防雷工程施工与质量验收规范》的规定__后再在施工中应用。对依法定程序批准进入市场的新设备、器具和材料进场验收，供应商尚应提供__安装、使用、维修和试验要求__等技术文件。对进口设备、器具和材料进场验收，供应商尚应提供__商检（或国内检测机构）证明和中文的质量合格证明文件__，规格、型号、性能检验报告，以及中文的安装、使用、维修和试验要求等技术文件。

314. 各工序应按 GB 50601《建筑物防雷工程施工与质量验收规范》规定的工序进行质量控制，每道工序完成后，应进行__检查__。相关各专业工种之间，应进行__交接检验__，并应形成记录，应包括__隐蔽工程__记录。未经__监理工程师或建设单位技术负责人__检查确认，不得进行下道工序施工。

315. 除设计要求外，兼做引下线的承力钢结构构件、混凝土梁、柱内钢筋与钢筋的连接，应采用土建施工的__绑扎法__或__螺丝扣的机械连接__，严禁__热加工__连接。

316. 主控项目应符合下列规定：(1)__利用建筑物桩基、梁、柱内钢筋做接地装置的自然接地体和为接地需要而专门埋设的人工接地体，应在地面以上按设计要求的位置设置可供测量、接人工接地体和做等电位连接用的连接板__；(2)接地装置的接地电阻值应符合设计文件的要求；(3)在建筑物外人员可经过或停留的引下线与接地体连接处 3 m 范围内，应采用防止跨步电压对人员造成伤害。

317. 主控项目应符合下列规定：(1)利用建筑物桩基、梁、柱内钢筋做接地装置的自然接地体和为接地需要而专门埋设的人工接地体，应在地面以上按设计要求的位置设置可供测量、接人工接地体和做等电位连接用的连接板；(2)__接地装置的接地电阻值应符合设计文件的要求__；(3)在建筑物外人员可经过或停留的引下线与接地体连接处 3 m 范围内，应采用防止跨步电压对人员造成伤害。

318. 采用防止跨步电压对人员造成伤害的一种或多种方法如下：(1)__铺设使地面电阻率不小于 50 kΩ·m 的 5 cm 厚的沥青层或 15 cm 厚的砾石层__；(2)__设立阻止人员进入的护栏或警示牌__；(3)__将接地体敷设成水平网格__。

319. 当设计无要求时，接地装置顶面埋设深度不应小于__0.5 m__。角钢、钢管、铜棒、铜管等接地体应__垂直__配置。人工垂直接地体的长度宜为__2.5 m__，人工垂直接地体之间的间距不宜小于__5 m__。人工接地体与建筑物外墙或基础之间的水平距离不宜小于__1 m__。

320. 采取下列方法降低接地电阻：(1)__将垂直接地体深埋到低电阻率的土壤中或扩大接地体与土壤的接触面积__；(2)__置换成低电阻率的土壤__；(3)__采用降阻剂或新型接地材料__；(4)__在永冻土地区和采用深孔（井）技术的降阻方法，应符合现行国家标准《电气装置安装工程接地装置施工及验收规范》(GB 50169—2016)中第 4.4 条—第 4.5 条的规定__。

321. 当接地装置仅用于__防雷保护，且当地土壤电阻率较高__，难以达到设计要求的接地电阻值时，可采用现行国家标准《雷电防护 第 3 部分：建筑物的物理损坏和生命危险》

(GB/T 21714.3—2015)中第 5.4.2 条的规定。

322. 接地体的连接应采用焊接,并宜采用放热焊接(热剂焊)。当采用通用的焊接方法时,应在焊接处做防腐处理。钢材、铜材的焊接应符合下列规定:(1)__导体为钢材时,焊接时的搭接长度及焊接方法要求应符合 GB 50601—2010 表 4.1.2 的规定__。(2)__导体为铜材与铜材或铜材与钢材时,连接工艺应采用放热焊接,熔接接头应将被连接的导体完全包在接头里,要保证连接部位的金属完全熔化,并应连接牢固__。

323. 接地线连接要求及防止发生__机械损伤__和__化学腐蚀__的措施,应符合现行国家标准 GB 50169—2016《电气装置安装工程接地装置施工及验收规范》中第 4.2.3 和第 4.2.6 条的规定。

324. 敷设在土壤中的接地体与混凝土基础中的钢材相连接时,宜采用__铜材__或__不锈钢材料__。

325. 自然接地体底板钢筋敷设完成,应按设计要求做接地施工,应经检查确认并做__隐蔽工程验收记录__后再支模或浇捣混凝土。

326. 人工接地体应按设计要求位置开挖沟槽,打入__人工垂直接地体或敷设金属接地模块(管)和使用人工水平接地体__进行电气连接,应经检查确认并做隐蔽工程验收记录。

327. 接地装置隐蔽应经__检查验收合格__后再覆土回填。

328. 引下线的安装布置应符合现行国家标准《建筑物防雷设计规范》(GB 50057—2010)的有关规定,第一类、第二类和第三类防雷建筑物专设引下线不应少于两根,并应沿建筑物周围__均匀__布设,其平均间距分别不应大于__12 m、18 m 和 25 m__。

329. 明敷的专用引下线应__分段__固定,并应以最短路径敷设到接地体,敷设应__平正顺直、无急弯__。焊接固定的焊缝应__饱满无遗漏__,螺栓固定应有防松零件(垫圈),焊接部分的__防腐__应完整。

330. 建筑物外的引下线敷设在人员可停留或经过的区域时,应采用下列一种或多种方法,防止接触电压和旁侧闪络电压对人员造成伤害:(1)__外露引下线在高 2.7 m 以下部分穿不小于 3 mm 厚的交联聚乙烯管,交联聚乙烯管应能耐受 100 kV 冲击电压(1.2/50 μs 波形)__。(2)应设立阻止人员进入的护栏或警示牌。护栏与引下线水平距离不应小于 3 m。

331. 引下线上应无附着的__其他电气线路__,在通信塔或其他高耸金属构架起接闪作用的金属物上敷设电气线路时,线路应采用直埋于土壤中的__铠装电缆或穿金属管敷设的导线__。电缆的金属护层或金属管应__两端__接地,埋入土壤中的长度不应小于__10 m__。

332. 引下线安装与易燃材料的墙壁或墙体保温层间距应大于__0.1 m__。

333. 引下线可利用建筑物的钢梁、钢柱、消防梯等金属构件作为自然引下线,金属构件之间应__电气贯通__。当利用混凝土内钢筋、钢柱作为自然引下线并采用基础钢筋接地体时,不宜设置__断接卡__,但应在室外墙体上留出供测量用的测接地电阻孔洞及与引下线相连的__测试点接头__。

334. 在易受机械损伤之处,地面上__1.7 m__至地面下__0.3 m__的一段接地应采用暗敷保护,也可采用镀锌角钢、改性塑料管或橡胶等保护,并应在每一根引下线上距地面不低于__0.3 m__处设置断接卡连接。

335. 引下线不应敷设在__下水管道__内,并不宜敷设在__排水槽沟__内。

336. 利用建筑物柱内钢筋作为引下线,在柱内主钢筋__绑扎或焊接__连接后,应做标志,并应按设计要求施工，应经检查确认记录后再支模。

337. 直接从__基础接地体或人工接地体__引出的专用引下线，应先按设计要求安装固定支架，并应经检查确认后再敷设引下线。

338. 建筑物顶部和外墙上的接闪器必须与建筑物__栏杆、旗杆、吊车梁、管道、设备、太阳能热水器、门窗、幕墙支架__等外露的金属物进行电气连接。

339. 位于建筑物顶部的接闪导线可按工程设计文件要求暗敷在__混凝土墙或混凝土屋面内__。当采用暗敷时，作为接闪导线的钢筋施工应符合现行国家标准 GB 50204《混凝土结构工程施工质量验收规范》中第 5 章的规定。高层建筑物的接闪器应采取__明敷__方法。在多雷区，宜在__屋面拐角处__安装短接闪杆。

340. 专用接闪杆应能承受__0.7 kN/m²__的基本风压，在经常发生__台风和大于 11 级大风__的地区，宜增大接闪杆的尺寸。

341. 当利用建筑物__金属屋面、旗杆、铁塔__等金属物做接闪器时，金属物的材料、规格应符合 GB 50057—2010 第 5 章 5.2 的有关规定。

342. 专用接闪杆位置应正确，焊接固定的焊缝应__饱满无遗漏__，焊接部分__防腐__应完整。接闪导线应__位置正确、平正顺直、无急弯__。焊接的焊缝应__饱满无遗漏__，螺栓固定的应有__防松零件__。

343. 固定接闪导线的固定支架应固定可靠，每个固定支架应能承受__49 N__的垂直拉力。固定支架应__均匀__，并应符合 GB 50057—2010 表 5.1.2 的要求。

344. 暗敷在建筑物混凝土中的接闪导线，在主筋__绑扎__或认定主筋进行__焊接__，并做好标志后，应按设计要求施工，并应经检查确认隐蔽工程验收记录后再支模或浇捣混凝土。

345. 明敷在建筑物上的接闪器应在__接地装置和引下线__施工完成后再安装，并应与引下线电气连接。

346. 在建筑物入户处应做__总等电位连接__。建筑物等电位连接干线与接地装置应有不少于__2__处的直接连接。

347. 一类防雷建筑物和具有__1 区、2 区、21 区及 22 区__爆炸危险场所的第二类防雷建筑物内、外的金属管道、构架和电缆金属外皮等长金属物的跨接，应符合现行国家标准 GB 50057《建筑物防雷设计规范》的有关规定。

348. 在建筑物入户处的总等电位连接，应对__入户金属管线和总等电位连接板__的位置检查确认后再设置与接地装置连接的总等电位连接板，并应按设计要求做等电位连接。

349. 在后续防雷区交界处，应对供连接用的__等电位连接板和需要连接的金属物体__的位置检查确认记录后再设置与建筑物主筋连接的等电位连接板，并应按设计要求做等电位连接。

350. 在确认网形结构等电位连接网与建筑物内钢筋或钢构件连接点的位置、信息技术设备的位置后，应按设计要求施工。网形结构等电位连接网的周边宜每隔__5 m__与建筑物内的钢筋或钢结构连接一次。电子系统模拟线路工作频率小于 300 kHz 时，可在选择与接地系统__最接近的位置__设置接地基准点后，再按__星形结构__等电位连接网设计要求施工。

351. 主控项目应符合下列规定：(1)__当工程设计文件要求为了防止雷击电磁脉冲对室内电子设备产生损害或干扰而需采取屏蔽措施时，屏蔽工程施工应符合工程设计文件和现行国家标准 GB 50462《电子信息系统机房施工及验收规范》的有关规定__。(2)__当工程设计文件有防雷专用屏蔽室时，屏蔽壳体、屏蔽门、各类滤波器、截止通风导窗、屏蔽玻璃窗、屏蔽暗箱的安装，应符合工程设计文件的要求。屏蔽室的等电位连接应符合 GB 50601—2010 第 7.1.2 条第 3 款的规定。

352. 一般项目应符合下列规定：(1) 设有电磁屏蔽室的机房，建筑结构应满足屏蔽结构对荷载的要求。(2) 电磁屏蔽室与建筑物内墙之间宜预留维修通道。

353. 建筑物格栅形大空间屏蔽工程安装工序应符合下列规定：(1) 应按工程设计文件要求选用金属导体在建筑物六面体上敷设，对金属导体本身或其与建筑物内的钢筋构成的网格尺寸，应经检查确认后再进行电气连接。(2) 支模或进行内装修时，应使屏蔽网格埋在混凝土或装修材料之中。

354. 专用屏蔽室安装工序应符合下列规定：(1)应将模块式的可拆式屏蔽室在房间内按设计要求安装，并应预留出等电位连接端子。(2)应将屏蔽室预留等电位连接端子与建筑物内等电位连接带进行电气连接，并应经检查确认后再进行屏蔽室固定和外部装修。(3)应安装屏蔽门、屏蔽窗和滤波器，并应检查屏蔽焊缝的严密和牢固。

355. 综合布线安装主控项目应符合下列规定：(1)低压配电线路(三相或单相)的单芯线缆不应单独穿于金属管内。(2)不同回路、不同电压等级的交流和直流电线不应穿于同一金属管中，同一交流回路的电线应穿于同一金属管中，管内电线不得有接头。(3)爆炸危险场所使用的电线(电缆)的额定耐受电压值不应低于 750 V，且必须穿在金属管中。

356. 敷设各类配线的 线槽(盒)、桥架或金属管 应符合设计文件的要求，并应经检查确认后，再按设计文件规定的位置和走向安装固定。

357. 已安装固定的线槽(盒)、桥架或金属管应与建筑物内的等电位连接带进行电气连接，连接处的过渡电阻不应大于 0.24 Ω。

358. 电子系统信号网络中的 SPD 的安装布置应符合工程设计文件的要求，并应符合现行国家标准 GB/T 18802.22《低压电涌保护器 第 22 部分：电信和信号网络的电涌保护器(SPD)选择和使用导则》 和 GB 50057《建筑物防雷设计规范》的有关规定。

359. 当建筑物上有外部防雷装置，或建筑物上虽未敷设外部防雷装置，但与之邻近的建筑物上有外部防雷装置且两建筑物之间有电气联系时，有外部防雷装置的建筑物和有电气联系的建筑物内总配电柜上安装的 SPD 应符合下列要求：(1)应当使用Ⅰ级分类试验的 SPD。(2)低压配电系统的 SPD 的主要性能参数：冲击电流应不小于 12.5 kA(10/350 μs)，电压保护水平不应大于 2.5 kV，最大持续运行电压应根据低压配电系统的接地型式选取。

360. 当 SPD 内部未设计 热脱扣 装置时，对失效状态为短路型的 SPD，应在其前端安装 熔丝、热熔线圈或断路器 进行后备过电流保护。

361. 无明确的产品安装指南时，开关型 SPD 与限压型 SPD 之间的线路长度不宜小于 10 m ，限压型 SPD 之间的线路长度不宜小于 5 m 。当 SPD 之间的线路长度小于 10 m 或 5 m 时应加装 退耦的电感(或电阻) 元件。生产厂明确在其产品中已有 能量配合的 措施时，可不再接退耦元件。

362. 在电子信号网络中安装的第一级 SPD 应安装在建筑物入户处的 配线架 上，当传输电缆直接接至被保护设备的接口时，宜安装在 设备接口 上。

363. 低压配电系统中的 SPD 安装，应在对 配电系统接地型式 、 SPD 安装位置 、 SPD 的后备过电流保护安装位置 及 SPD 两端连线位置 检查确认后，首先安装 SPD，在确认安装牢固后，将 SPD 的接地线与等电位连接带连接后再与带电导线进行连接。

364. 电信和信号网络中的 SPD 安装，应在 SPD 安装位置 和 SPD 两端连接件及接地线位置 检查确认后，首先安装 SPD，在确认安装牢固后，应将 SPD 的接地线与等电位连接带连接后再接入网络。

365. 检验批及分项工程应由监理工程师或建设单位项目技术负责人组织 具备资质的防雷技术服务机构 和 施工单位项目专业质量(技术)负责人 进行验收。隐蔽工程在隐蔽前应由施工单位通知监理工程师或建设单位项目技术负责人、防雷技术服务机构项目负责人共同进行验收，并应形成验收文件。检验批及分项工程验收前，施工单位应进行自行检查。

366. 防雷工程(子分部工程)应由总监理工程师或建设单位项目负责人组织 施工单位项目负责人 和 技术、质量负责人 ， 防雷主管单位项目负责人 共同进行工程验收。

367. 检验批合格质量应符合下列要求：(1) 主控项目和一般项目的质量应经抽样检验合格 。(2) 应具有完整的施工操作依据、质量检查记录 。(3) 检验批的质量检验抽样方案应符合现行国家标准 GB 50300—2013《建筑工程施工质量验收统一标准》中第 3.0.4 条的规定。对生产方错判概率，主控项目和一般项目的合格质量水平的错判概率值不宜超过5%；对使用方漏判概率，主控项目的合格质量水平的错判概率值不宜超过 5%，一般项目的合格质量水平的漏判概率值不宜超过 10% 。(4) 检验批的质量验收记录表格样式可按 GB 50601—2010 附录 E 执行 。

368. 分项工程质量验收合格应符合下列规定：(1) 分项工程所含的检验批均应符合 GB 50601—2010 第 11.1.4 条的要求 。(2) 分项工程所含的检验批的质量验收记录应完整。分项工程质量验收表格样式可按 GB 50601—2010 附录 E 执行 。

369. 防雷工程(子分部工程)质量验收合格应符合下列规定：(1) 防雷工程所含的分项工程的质量均应验收合格 。(2) 质量控制资料应符合 GB 50601—2010 第 3.2.1 和 3.2.2 条的要求，并应完整齐全 。(3) 施工现场质量管理检查记录表的填写应完整 。(4) 工程的观感质量验收应经验收人员通过现场检查，并应共同确认 。(5) 防雷工程(子分部工程)质量验收记录表格可按 GB 50601—2010 附录 E 执行 。

370. 接地装置安装工程的检验批划分和验收应符合下列规定： 接地装置安装工程应按人工接地装置和利用建筑物基础钢筋的自然接地体各分为 1 个检验批，大型接地网可按区域划分为几个检验批进行质量验收和记录 。

371. 引下线安装工程的检验批划分和验收应符合下列规定： 引下线安装工程应按专用引下线、自然引下线和利用建筑物柱内钢筋各分 1 个检验批进行质量验收和记录 。

372. 接闪器安装工程的检验批划分和验收应符合下列规定： 接闪器安装工程应按专用接闪器和自然接闪器各分为 1 个检验批，一幢建筑物上在多个高度上分别敷设接闪器时，可按安装高度划分为几个检验批进行质量验收和记录 。

373. 等电位连接工程的检验批划分和验收应符合下列规定：(1) 等电位连接工程应按建筑物外大尺寸金属物等电位连接、金属管线等电位连接、各防雷区等电位连接和电子系统设备机房各分为 1 个检验批进行质量验收和记录 。(2) 等电位连接的有效性可通过等电位连接导体之间的电阻值测试来确定，第一类防雷建筑物中长金属物的弯头、阀门、法兰盘等连接处的过渡电阻不应大于 0.03 Ω；连在额定值为 16 A 的断路器线路中，同时触及的外露可导电部分和装置外可导电部分之间的电阻不应大于 0.24 Ω；等电位连接带与连接范围内的金属管道等金属体末端之间的直流过渡电阻值不应大于3 Ω。

374. 屏蔽装置工程的检验批划分和验收应符合下列规定：屏蔽装置工程应按建筑物格栅形大空间屏蔽和专用屏蔽室各分为1个检验批进行质量验收和记录。

375. 防雷电磁屏蔽室的主控项目和一般项目应进行下列检测：(1) 对壳体的所有接缝、屏蔽门、截止波导通风窗、滤波器等屏蔽接口使用电磁屏蔽检漏仪进行连续检漏。(2) 检查壳体的等电位连接状况，其间直流过渡电阻值不应大于0.2 Ω。(3) 屏蔽效能的测试应符合现行国家标准GB/T 12190《电磁屏蔽室屏蔽效能的测量方法》的有关规定。

376. 综合布线工程的检验批划分和验收应符合下列规定：(1) 综合布线工程应为1个检验批，当建筑工程有若干独立的建筑时，可按建筑物的数量分为几个检验批进行质量验收和记录。(2) 对工程主控项目和一般项目应逐项进行检查和测量。(3) 综合布线工程电气测试应符合现行国家标准GB 50312《综合布线系统工程验收规范》的规定。

377. SPD安装工程的检验批划分和验收应符合下列规定：(1) SPD安装工程可作为1个检验批，也可按低压配电系统和电子系统中的安装分为2个检验批进行质量验收和记录。(2) 对主控项目和一般项目应逐项进行检查。(3) SPD的主要性能参数测试应符合现行国家标准GB/T 21431—2015《建筑物防雷装置检测技术规范》第5.8.2和第5.8.3条的规定。

378. 建(构)筑物防雷设计，应在认真调查 地理 、 地质 、 土壤 、 气象 、 环境 等条件和 雷电活动 规律以及被 保护物 的特点等的基础上，详细研究 防雷装置 的形式及其布置。

379. 防雷装置是用于减少闪击击于 建(构)筑物上或建(构)筑物附近 造成的 物质性损害和人身伤亡 ，由外部防雷装置和内部防雷装置组成。

380. 接闪器由拦截闪击的 接闪杆 、 接闪带 、 接闪线 、 接闪网 及 金属屋面 、金属构件等组成。

381. 接地装置是接地体和接地线的总合，用于传导 雷电流 并将其 流散入 大地。

382. 直击雷闪击直接击于建(构)筑物、其他物体、大地或外部防雷装置上，产生 电效应 、 热效应 和 机械效应 。

383. 闪电感应是闪电放电时，在附近导体上产生的 雷电静电感应 和 雷电电磁感应 ，它可能使金属部件之间产生 火花放电 。

384. 闪电电涌是闪电击于 防雷装置或线路上 以及由 闪电静电感应 或 雷击电磁脉冲 引发，表现为 过电压 、 过电流 的瞬态波。

385. 闪电电涌侵入是由于雷电对 架空线路 、 电缆线路 或 金属管道 的作用，雷电波，即闪电电涌，可能沿着这些管线 侵入屋内 ，危及人身安全 或 损坏设备 。

386. 防雷等电位连接是将分开的诸 金属物体 直接用 连接导体 或经 电涌保护器 连接到 防雷装置 上以减小雷电流引发的 电位差 。

387. 等电位连接带是将 金属装置 、 外来导电物 、 电力线路 、 电信线路 及其他线路连于其上以能与 防雷装置 做等电位连接的 金属带 。

388. 雷击电磁脉冲是雷电流经 电阻 、 电感 、 电容耦合 产生的 电磁效应 ，包含闪电电涌和辐射电磁场。

389. 保护模式是指电气系统电涌保护器的保护部件可连接在 相对相 、 相对地 、相对中性线、中性线对地及其组合，以及电子系统电涌保护器的保护部件连接在线对线、线对地及其组合。

390. 最大持续运行电压是指可持续加于电气系统电涌保护器保护模式的最大方均根电压或直流电压；可持续加于电子系统电涌保护器端子上，且不致引起电涌保护器传输特性减低的最大方均根电压或直流电压。

391. Ⅰ级试验是指电气系统中采用Ⅰ级试验的电涌保护器要用标称放电电流 I_n、1.2/50 μs 冲击电压和最大冲击电流 I_{imp} 做试验。Ⅰ级试验也可用 T1 外加方框表示，即 T1 。

392. 电压开关型电涌保护器在无电涌出现时为高阻抗，当出现电压电涌时突变为低阻抗。通常采用放电间隙、充气放电管、硅可控整流器或三端双向可控硅元件做电压开关型电涌保护器的组件。也称“克罗巴型”电涌保护器。具有不连续的电压、电流特性。

393. 限压型电涌保护器在无电涌出现时为高阻抗，随着电涌电流和电压的增加，阻抗连续变小。通常采用压敏电阻、抑制二极管作限压型电涌保护器的组件。也称“箝压型”电涌保护器。具有连续的电压、电流特性。

394. 组合型电涌保护器是由电压开关型元件和限压型元件组合而成的电涌保护器，其特性随所加电压的特性可以表现为电压开关型、限压型或电压开关型和限压型皆有。

395. 测量的限制电压是指施加规定波形和幅值的冲击波时，在电涌保护器接线端子间测得的最大电压值。

396. 电压保护水平是表征电涌保护器限制接线端子间电压的性能参数，其值可从优先值的列表中选择。电压保护水平值应大于所测量的限制电压的最高值。

397. 设备耐冲击电压额定值是指设备制造商给予的设备耐冲击电压额定值，表征其绝缘防过电压的耐受能力。

398. 建筑物应根据建筑物的重要性、使用性质、发生雷电事故的可能性和后果，按防雷要求分为三类。

399. 各类防雷建筑物应设防直击雷的外部防雷装置，并应采取防闪电电涌侵入的措施。

400. 第一类防雷建筑物防闪电电涌侵入时，室外低压配电线路应全线采用电缆直接埋地敷设，在入户处应将电缆的金属外皮、钢管接到等电位连接带或防闪电感应的接地装置上。

401. 第一类防雷建筑物防闪电电涌侵入时，在电缆与架空线连接处，尚应装设户外型电涌保护器。电涌保护器、电缆金属外皮、钢管和绝缘子铁脚、金具等应连在一起接地，其冲击接地电阻不应大于 30 Ω。

402. 第一类防雷建筑物防闪电电涌侵入时，电子系统的室外金属导体线路宜全线采用有屏蔽层的电缆埋地或架空敷设，其两端的屏蔽层、加强钢线、钢管等应等电位连接到入户处的终端箱体上。

403. 第一类防雷建筑物防闪电电涌侵入时，距离建筑物 100 m 内的管道，宜每隔25 m 接地一次，其冲击接地电阻不应大于 30 Ω，并应利用金属支架或钢筋混凝土支架的焊接、

绑扎钢筋网作为 引下线 ,其钢筋混凝土基础宜作为 接地装置 。

404. 第一类防雷建筑物当建筑物高度超过 30 m 时,首先应沿屋顶周边敷设接闪带,接闪带应设在 外墙外表面 或 屋檐边垂直面 上,也可设在 外墙外表面 或 屋檐边垂直面 外。

405. 第二类防雷建筑物外部防雷的措施, 宜采 用装设在建筑物上的 接闪网 、 接闪带 或接闪杆,也可采用由接闪网、接闪带或接闪杆 混合组成 的接闪器。

406. 第二类防雷建筑物当建筑物高度超过 45 m 时,首先应沿 屋顶周边 敷设接闪带,接闪带应设在 外墙外表面 或 屋檐边垂直面 上,也可设在 外墙外表面 或屋檐边垂直面外。接闪器之间应互相连接。

407. 第二类防雷建筑物外部防雷装置的接地应和 防闪电感应 、 内部防雷装置 、电气和 电子系统 等接地共用接地装置,并应与引入的 金属管线 做等电位连接。

408. 利用建筑物的钢筋作为防雷装置时,当基础采用硅酸盐水泥和周围土壤的含水量不低于 4%及基础的外表面无 防腐层 或有 沥青质 防腐层时,宜利用基础内的钢筋作为 接地装置 。当基础的外表面有其他类的防腐层且无 桩基 可利用时,宜在基础防腐层下面的混凝土垫层内敷设 人工环形 基础接地体。

409. 利用建筑物的钢筋作为防雷装置时,构件内有箍筋连接的钢筋或成网状的钢筋,其箍筋与钢筋、钢筋与钢筋应采用土建施工的 绑扎法 、 螺丝 、 对焊或搭焊 连接。

410. 利用建筑物的钢筋作为防雷装置时,单根钢筋、圆钢或外引预埋连接板、线与构件内钢筋应 焊接 或采用 螺栓紧固 的 卡夹器 连接。构件之间必须连接成电气通路。

411. 具有 22 区爆炸危险场所的建筑物。建筑物内的 设备 、 管道 、 构架 等主要金属物,应就近接到防雷装置或共用接地装置上。

412. 防止雷电流流经引下线和接地装置时产生的高电位对附近金属物或电气和电子系统线路的反击,当金属物或线路与 引下线 之间有自然或人工接地的 钢筋混凝土构件 、 金属板 、 金属网 等静电屏蔽物隔开时,金属物或线路与引下线之间的间隔距离 可无要求 。

413. 第三类防雷建筑物当建筑物高度超过 60 m 时,首先应沿 屋顶周边 敷设接闪带,接闪带应设在 外墙外表面 或 屋檐边垂直面 上,也可设在外墙外表面或屋檐边垂直面外。接闪器之间应互相连接。

414. 除第一类防雷建筑物外,金属屋面的建筑物宜利用其屋面作为接闪器,板间的连接应是持久的电气贯通,可采用铜锌合金焊、 熔焊 、 卷边压接 、 缝接 、 螺钉 或螺栓连接。

415. 当利用混凝土内钢筋、钢柱作为自然引下线并同时采用基础接地体时,可不设 断接卡 ,但利用钢筋作引下线时应在室内外的适当地点设若干 连接板 。

416. 当仅利用钢筋作引下线并采用埋于土壤中的人工接地体时,应在每根引下线上距地面不低于 0.3 m 处设接地体 连接板 。采用埋于土壤中的人工接地体时应设 断接卡 ,其上端应与 连接板 或 钢柱焊接 。连接板处宜有明显 标志 。

417. 需要防雷击电磁脉冲时,分开的建筑物之间的连接线路,若无屏蔽层,线路应敷设在 金属管 、 金属格栅 或 钢筋成格栅形 的混凝土管道内。金属管、金属格栅或钢筋格栅从一端到另一端应是 导电贯通 ,并应在两端分别连到建筑物的 等电位连接带 上;若有屏蔽层,屏蔽层的两端应连到建筑物的__等电位连接带__上。

418. 需要防雷击电磁脉冲时,对由__金属物__、__金属框架__或__钢筋混凝土钢筋__等自然构件构成建筑物,或房间的格栅形大空间屏蔽,应将穿入大空间屏蔽的__导电金属物__就近与其做等电位连接。

419. 当外来导电物、电气和电子系统的线路在不同地点进入建筑物时,宜设若干__等电位连接带__,并应将其就近连到__环形接地体__、内部环形导体或在电气上__贯通__并连通到__接地体__或__基础接地体__的钢筋上。环形接地体和内部环形导体应连到__钢筋__或__金属立面__等其他屏蔽构件上,宜每隔__5 m__连接一次。

420. 穿过防雷区界面的所有__导电物__、__电气和电子系统__的线路均应在界面处做等电位连接。宜采用一局部等电位连接带做等电位连接,各种__屏蔽结构__或__设备外壳__等其他局部金属物也连到局部等电位连接带。

421. 两栋定为 LPZ1 区的独立建筑物用电气线路或信号线路的屏蔽电缆或穿钢管的无屏蔽线路连接时,屏蔽层流过的分__雷电流__在其上所产生的__电压降__不应对线路和所接设备引起__绝缘击穿__,同时屏蔽层的截面应满足__通流能力__。

422. 闪电静电感应是由于雷云的作用,使附近导体上感应出与雷云符号__相反__的电荷,雷云主放电时,先导通道中的电荷迅速__中和__,在导体上的感应电荷得到__释放__,如没有就近泄入__地中__就会产生很高的__电位__。

423. GB 21714.1—2015《雷电防护　第 1 部分:总则》提供了建筑物(包括其设施,内部物体及人员)雷电防护所应遵循的一般原则。以下情况不属于本部分的范围:__铁路系统,车辆、船舶、飞行器、离岸设施,地下高压管道__;建筑物外面敷设的管道、__电源线和通信线__。

424. 雷电流是损害源。按雷击点相对于所考察的建筑物的位置,应考虑以下情况:__雷击建筑物__,雷击建筑物附近,__雷击连接到建筑物的服务设施__,雷击连接到建筑物的服务设施附近。

425. 雷击建筑物可能导致:__由于炽热的雷电等离子弧本身或电流使导体阻性加热(过热导体)或电荷导致电弧烧蚀(金属熔化)引起的直接机械损坏、火灾和/或爆炸__;由于电阻耦合、电感耦合或部分雷电流通过产生的过电压引起的火花触发火灾和/或爆炸;__电阻耦合、电感耦合引起的接触电压和跨步电压对人员造成伤害__;LEMP 使内部系统失效或出现故障。

426. 雷击建筑物附近可能导致:__LEMP 使内部系统失效__或出现故障。

427. 雷击连接到建筑物的服务设施可能导致:__通过连接到建筑物的服务设施传输的过电压和雷电流产生的火花触发火灾和/或爆炸__;通过连接到建筑物的服务设施传输的雷电流在建筑物内产生接触电压伤及人员;__出现在入户服务线路上并传输到建筑物的过电压使内部系统失效或出现故障__。

428. 雷击连接到建筑物的服务设施附近可能导致:__在连接到建筑物的服务设施上感应并传输到建筑物内的过电压使内部系统失效__或出现故障。

429. 雷电可能产生三种基本损害类型:__接触电压和跨步电压使人和动物受到伤害__;包括有火花的雷电流效应引起的物理损害(火灾、爆炸、机械损坏、化学品泄漏等);__LEMP 使内部系统失效__。

430. 每一种损害类型,单独或与其他损害类型联合可能使受保护对象产生不同的间接损失。可能出现的损失类型取决于受保护对象本身的特性。GB/T 21714.1—2015《雷电防护　第

1部分:总则》考虑以下损失类型:人身生命损失;对公众服务的损失;文化遗产损失;经济损失(建筑物及其内部物体、服务设施和业务损失)。

431. 可能出现在建筑物内的损失如下:人身生命损失;文化遗产损失;经济损失(建筑物及其内部物体);对公众服务的损失;经济损失(服务设施和业务损失)。

432. 减少接触和跨步电压造成人和动物伤害的防护措施有:外露导电部件的适当绝缘,利用网格接地系统作等电位连接,限制人身活动范围和设置警示牌。

433. 减少物理损害的防护措施有:对建筑物—雷电防护系统,对服务设施—屏蔽线。

434. 雷电防护系统(LPS)可达到防护作用,其特征有:接闪器,引下线,接地装置,雷电等电位连接(EB),与外部LPS间的电气绝缘(和增大间距)。

435. 减少电气和电子系统失效的防护措施有:接地和等电位连接,磁屏蔽,合理布线,隔离界面,能量配合的SPD系统。

436. 如果屏蔽体电气贯通不好和/或厚度不够,则雷电流就会穿透屏蔽体从而导致:物理损害或人身伤害,内部系统失效,服务设施和与之相连系统的失效。

437. 外部LPS的功能是:拦截直击建筑物的雷电(利用接闪器系统),安全引导雷电流到地(利用引下线系统),使雷电流入地消散(利用接地体系统)。

438. 如果建筑物外部地面电阻率和建筑物内楼板电阻率不够大时,减少接触和跨步电压对人身伤害的措施有:在建筑物外部,把外露导电部件绝缘,利用网状接地系统做等电位连接,设置警示牌和限制人身活动范围;在建筑物内部,在服务设施入户处做等电位连接。

439. 对LEMP进行防护以便减少内部系统失效风险,应限制:雷电直击建筑物,因阻性或感性耦合引起的过电压;雷击建筑物附近,因感性耦合引起的过电压;雷击连至建筑物的线路或其附近,从入户线路传入的过电压;与内部系统直接耦合的磁场。

440. 落地雷闪有两种基本类型:始于云对地的一个向下先导的下行雷;始于地面建筑物对云的一个向上先导的上行雷。

441. 雷电流由一个或多个不同的雷击组成:持续时间小于2 ms的为短雷击;持续时间大于2 ms的为长雷击。

442. 雷电对引下线的影响主要可以分为两类:由于阻性加热产生的热效应;毗邻导体对雷电流进行分流或雷电流改变方向(导体弯曲或以某角度互相连接时)处磁场相互作用引起的机械效应。

443. 雷电对火花间隙的影响可分为两大类:材料的受热、熔化和蒸发使间隙的电极腐蚀;放电冲击波产生的机械应力。

444. 雷电对火花间隙的影响可分为两大类:材料的受热、熔化和蒸发使间隙的电极腐蚀;放电冲击波产生的机械应力。

445. 影响电力线中雷电流分流的因素有:因比值L/R的关系,电缆的长度可能会影响电流的分流和波形特征;中性线和相线的阻抗差异可能会影响导线间的分流;不同的变压器阻抗可能会影响分流(如果变压器用与其阻抗并联的SPD保护,这种分流影响可以忽略);变压器的常规接地电阻与负载侧装置之间的关系可能会影响分流(变压器的阻抗越低,流进低压系统的浪涌电流越大);并联用户使低压系统的等效阻抗降低,可能会增加流入该系统的部分雷电流。

446. 云地间的大气放电,由一个或多个雷击组成。

447. 始于云到地<u>一个向下先导</u>的雷闪是下行雷。

448. 上行雷是始于<u>地面建筑物到云端</u>一个<u>向上先导</u>的雷闪。

449. 雷击是<u>落地雷闪</u>中的单次放电。

450. 短雷击是雷闪的<u>组成部分</u>,它对应于一个<u>冲击电流</u>。

451. 长雷击是雷闪的<u>组成部分</u>,它对应于一个<u>连续电流</u>。

452. 多重雷击是平均由<u>3～4</u>个雷击组成的雷闪,两个雷击的时间间隔通常约为<u>50 ms</u>。

453. 雷击点是雷电击中<u>大地</u>或<u>高耸物体(如建筑物、LPS、服务设施、树等)</u>的点。

454. 雷电流是流经<u>雷击点</u>的电流。

455. 峰值是雷电流的<u>最大值</u>。

456. 冲击电流波头的平均陡度是数值上等于在<u>时间间隔 t_2-t_1</u>内雷电流的<u>平均变化率</u>。

457. 冲击电流的波头时间是一个<u>虚拟参数</u>,定义为雷电流波头达到<u>10%峰值到90%峰值</u>时间间隔的1.25倍。

458. 冲击电流的视在原点是连接雷电流波头<u>10%和90%峰值</u>两参考点的直线与时间轴的交点。它位于雷电流达到<u>10%峰值</u>时刻之前<u>$0.1T_1$</u>处。

459. 冲击电流波尾半峰值时间是一个<u>虚拟参数</u>,定义为<u>视在原点 O_1</u>到雷电流下降至<u>峰值一半</u>时的时间间隔。

460. 雷闪持续时间是雷电流流过<u>雷击点</u>的时间。

461. 长时间雷击电流的持续时间是<u>长雷击电流</u>的持续时间,是连续电流在<u>上升沿升到峰值的10%时至下降沿连续电流降到峰值10%</u>时的时间间隔。

462. 雷闪电荷是整个<u>雷闪持续期间</u>雷电流对时间的积分。

463. 短时间雷击电荷是一次<u>短时间雷击</u>中雷电流对时间的积分。

464. 长时间雷击电荷是一次<u>长时间雷击</u>中雷电流对时间的积分。

465. 单位能量是<u>雷电流的平方</u>在整个雷闪持续期内对时间的积分。

466. 冲击电流的单位能量是<u>雷电流的平方</u>在短时间雷击持续期内对时间的积分。

467. 线路是连接到需保护建筑物的<u>供电或者通信</u>线路。

468. 通信线路是用于各建筑物中<u>设备间通信</u>的线路,如<u>电话线路和数据线路</u>。

469. 供电线路是为<u>建筑物内的电气和电子设备</u>供电的配电线路,如<u>低压(LV)电源线或高压(HV)电源线</u>。

470. 雷击建筑物是指雷闪击中<u>需保护建筑物</u>。

471. 雷击建筑物附近是指雷闪击中<u>需保护建筑物附近</u>且可能产生<u>危险过电压</u>。

472. 物理损害是由于雷电的<u>机械、热、化学或爆炸</u>等效应对建筑物(或其内物体)所造成的损害。

473. 人和动物伤害是雷电引起的<u>接触电压和跨步电压</u>通过电击对人和动物永久性伤害,包括死亡。

474. 电气和电子系统失效是由于<u>雷电电磁脉冲(LEMP)</u>导致电气和电子系统的<u>永久性</u>损害。

475. 雷电电磁脉冲是雷电流经 电阻性、电感性和电容性 耦合产生的各种电磁效应，包括 浪涌和辐射 电磁场。

476. 风险是雷电造成的 年均可能损失(人员和物) 与需保护建筑物的总价值(人员和物)之比。

477. 风险是雷电造成的年均可能损失(人员和物)与 需保护建筑物的总价值(人员和物) 之比。

478. 风险容许值是 需保护建筑物所能容许 的最大风险值。

479. 雷电防护等级是指与一组雷电流参数值有关的 序数 ，该组参数值与在自然界发生雷电时 最大和最小设计值 不被超出的概率有关。

480. 雷电防护等级是指与一组雷电流参数值有关的序数，该组参数值与 在自然界发生雷电时最大和最小设计值不被超出的概率 有关。

481. 防护措施是为减小需保护建筑物 雷电损害风险 而采取的措施。

482. 雷电防护是指用于 建筑物(包括其内部系统、物体以及人员)防雷 的整个系统，通常包括 LPS 和 SPM 。

483. 雷电防护装置是用来 减小雷击建筑物 造成 物理损害 的整个系统。

484. 接闪器是指 外部 LPS 组成部分，用于 截获雷击 的金属部件，如接闪针、接闪网或接闪线。

485. 引下线是指 外部 LPS 组成部分，用于将雷电流从 接闪器传导至接地装置 。

486. 接地装置是指 外部 LPS 的组成部分，用于将雷电流 传导并散入大地 。

487. 外部导电部件是进出需保护建筑物的 金属延伸部件 ，如管道、电缆金属部件、金属线槽等，它们可以流过部分 雷电流 。

488. 雷电等电位连接是为减少雷电流引起的 电位差 ，直接用 导体或通过浪涌保护器 把分离的金属部件与 LPS 进行连接。

489. 磁屏蔽是将需保护建筑物或其一部分包围起来的 闭合金属格栅或连续型屏蔽体 ，用于减少 电气和电子系统 的失效。

490. 协调配合的 SPD 系统是为了减少 电气和电子系统失效 而适当选择、配合并安装组成系统的一组 SPD。

491. 协调配合的 SPD 系统是为了减少电气和电子系统失效而适当 选择、配合并安装组成系统 的一组 SPD。

492. 耐冲击电压额定值是由厂家给 设备或其部件指定 的冲击耐受电压，用以表征其 绝缘对过电压 的规定耐受能力。

493. 隔离界面是能够 减小或隔离 进入 LPZ 的线路上的 传导浪涌 的装置。

494. LPS 分类的决定性数据： 雷电参数 ；滚球半径、网格尺寸和保护角； 引下线和环形导体间的典型距离 ；避免危险火花的隔距； 接地极的最小长度 。

495. LPS 分类的非决定性数据： 等电位连接 ；接闪装置中金属板和金属管道的最小厚度； LPS 的材料和使用条件 ；接闪器、引下线和接地装置的材料、 结构和最小尺寸 ；连接导体的最小尺寸。

496. 接闪器可由以下任一部件组成： 杆状接闪器(包括独立支座) ，悬链线， 网状导体 。

497. 接闪器应安装在__建筑物的角上、暴露在外的点、边缘(特别是屋顶边缘)__。

498. 接闪器的定位通常有三种方式：__保护角法、滚球法、网格法__。

499. 为减少由于雷电流通过 LPS 引起损坏的概率，引下线的布放可按以下几种方式从雷击点连接至大地：__有几个并联雷电流通道存在__、电流通道的长度保持最小、__建筑物导电部件进行了等电位连接__。

500. 与受保护建筑物非分离的 LPS，其引下线可按以下方式安装：__如果墙壁为非易燃材料，引下线可安装在墙表面或墙内__；如果墙壁为易燃材料，且雷电流通过时引起的温升不会对墙壁产生危险，引下线可安装在墙面上；__如果墙壁为易燃材料，且雷电流通过时引起的温升会对墙壁产生危险，安装引下线时，应保证引下线与墙壁间的距离始终大于 0.1 m__。安装支架可与墙壁接触。

501. 危险火花可能出现在外部 LPS 与其他以下部件之间：__金属装置__；内部系统；__与受保护建筑物相连的外部导体、导线__。

502. 将 LPS 与以下部件互联可实现等电位：__建筑物的金属部件__；金属装置；内部系统；__与建筑物相连的外部导体、导线__。

503. 对分离的外部 LPS，只能__在地面上建立等电位连接__。

504. 如果内部系统的导线没有屏蔽层也没放在金属管道内，则必须__通过 SPD 连接__。

505. 如果条件允许，外部 LPS 的所有部件(接闪器和引下线)至少应远离危险区域__1 m__。如果条件不允许，距危险区__0.5 m__区域内经过的导线应连续，应进行__牢固焊接或压接__。

506. 为确保装置维持在符合后续使用要求的状态，最少应满足以下两个条件之一：__定期检查；专业人员的长期监督__。

507. LPS 应每隔__12(+2)__个月进行一次电气检查。

508. 任何与 LPS 连接的单个物体，其直流阻值不能超过__0.2__Ω。

509. 对易燃材料构成的屋顶或墙壁，应采用以下方法来防止由雷电流引起的对 LPS 导线的致热影响：__增大截面积来降低导线发热时温度__；增大导线与屋顶覆盖物之间的距离；__在导线与易燃材料间增加隔热层__。

510. 接闪器导线和引下线应在屋面上用__导线__互联，可利于雷电流通过引下线分流。

511. 不在杆状接闪器保护范围内的金属屋顶装置，如果其尺寸不超过以下范围，则不需提供附加保护：__屋顶平面正上方 0.3 m；上层建筑总面积 1.0 m^2；上层建筑的高度 2.0 m__。

512. 不在杆状接闪器保护范围内的非导电屋顶装置，突出高度不超过__接闪器所在平面上方 0.5 m__处的非金属装置，不需提供附加保护。

513. 如果建筑物屋顶土壤层厚度达到 0.5 m，且人员经常出入，需用__5 m×5 m__的网状接闪器来防止危险的跨步电压。

514. 在大型扁平的建筑物内(例如：__工业用建筑物、展览大厅__等)，尺寸超过引下线典型隔距的__4__倍，在任何可能的地方，大约每隔__40 m__应安装其他内部引下线。

515. 如果环形接地极离建筑物较远，则埋深应较深，具体为：距离建筑物 4 m 处，埋深为__1 m__；7 m 处，埋深为__1.5 m__；10 m 处，埋深为__2 m__。

516. LPS 维护周期取决于以下因素：__使性能劣化的气候和环境条件__；在雷击活动区的暴露程度；__建筑物的保护等级__。

517. 对 LEMP 的基本防护措施包括：__接地和搭接__；磁屏蔽和布线；__协调配合的

SPD防护。

518. LEMP防护措施应能耐受安装地点的各种工况影响(例如,温度、湿度、大气污染、震动、电压和电流的影响)。

519. 合理的接地和搭接基于一个完整的接地系统,它包括:接地装置(将雷电流泄放到大地);搭接网络(最大限度地降低电势差,减少磁场)。

520. LPMS检查包括技术文档查验,目测检查和试验检测。

521. 对于无法目测检测的接地装置和搭接网络部件,应当进行电气连通性的检测。

522. 雷电流产生的磁场与雷电流有相同的波形。

523. 电子系统主要电磁危害源是雷电流 I_0 和磁场 H_0。

524. 磁场感应效应主要由磁场波头上升沿引起。

525. 构成有效屏蔽要求网格宽度典型值小于5 m。

526. 合理的线路布线(使感应回路面积为最小),或者采用屏蔽电缆或金属电缆管道(减小内部感应效果),或者两种措施同时使用,可以减小电子系统内的感应浪涌。

527. 使用项目清单将便于进行风险分析和选择最恰当的防护措施。

528. SPM的基本部分是内部屏蔽和搭接网络。

529. LPZ对雷电磁场的空间屏蔽,要求其典型的格栅宽度须小于5 m。

530. 合理布线和屏蔽是降低感应过压的有效措施。

531. 将电缆敷设在搭接的电缆管道、干线管道或金属导管中,可以防止很高的感应电压和感应电流。

532. 连接独立建筑间的线路有下列两种:绝缘线、金属线。

533. SPD合适电压保护水平的选择取决于:受保护设备的额定冲击耐受电压 U_w;与SPD连接导体的长度。

534. 能量的协调配合应当用以下方法验证:协调配合试验法;计算法;使用已配合好的系列SPD产品。

535. 有效的协调配合的SPD保护不但要选择适当的SPD,主要还取决于适当的安装。安装时主要应考虑以下几点:SPD的安装位置;连接导线;保护距离(振荡现象);保护距离(感应现象)。

536. 雷电反击是指受雷击的金属物体,在接闪瞬间与大地间存在很高的电压,此电压对与大地连接的其他金属物品发生闪击的现象。

537. 雷电波侵入高电位是指直击雷或感应过电压从输电线路、通信电缆、无线电天线等金属的引入线引入建筑物内和其他地方,发生闪击而造成的雷击事故。

538. 电磁感应是由于雷电流具有极大的峰值和陡度,在它周围的空间有强大的变化的电磁场,处在这电磁场中的导体会感应出较大的电动势。由雷电引起的静电感应和电磁感应统称为雷电电磁脉冲,又叫二次雷击。

539. 一般建筑物的重点保护部位:(1)建筑物的屋角、屋脊与檐角;(2)平房的屋角和四周女儿墙;(3)屋顶上的特殊突出结构。

540. 雷电放电过程中的回击,常称为主放电或主闪击。

541. 若从空间位置来分类,可将闪电分成云内闪电、云际闪电、云地闪电。

542. SPD的接地端和与相线零线的连接线应采取尽可能的短而直,接线总长度宜小于 0.5 m。

543. 现代防雷系统由 外部保护 、 内部保护 和 防雷电电磁脉冲 三大部分组成。

544. 当电源采用 TN 系统时，从建筑物内总配电盘(箱)开始引出的配电线路和分支线路必须采用 TN-S 系统。在一般情况下，当在线路上多处安装 SPD 且无准确数据时，电压开关型 SPD 与限压型 SPD 之间的线路长度不宜小于 10 m ，限压型 SPD 之间的线路长度不宜小于 5 m 。

545. 外部防雷保护系统主要由 接闪器 、 引下线 、 接地装置 组成。

546. 当采取接闪器保护封闭气罐时，其外表面的 2 区爆炸危险环境可不在滚球法确定的保护范围内。

547. 引下线暗敷时圆钢直径不应小于 10 mm，扁钢截面不应小于 80 mm^2 。

548. 数据传输线路上安装电涌保护器，其 接口 、 传输速率 、 特性阻抗 、 驻波比 、 插入损耗 、 频带宽度 等(可任选 4 个)性能指标应满足传输性能的要求。

549. 对 SPD 的基本要求： 能承受预期通过的电流 ； 通过电流时的最大箝压 和 有能力熄灭在电流通过后产生的工频续流 。

550. 地闪是指 云与大地相接触的放电现象 。

551. 通常雷暴云的电荷分布为上部 正电荷 ，下部 负电荷 ，底部少量 正电荷 。

552. 质量监督是检测机构按内部 质量管理制度 要求对检测过程的工作质量进行的 监督检查 ，包括 现场监督 、 数据复测 、 项目复查 、 资料检查 等。

553. 检测服务环境应符合有关 安全 、 健康 和 环保 的要求，确保检测工作 正常 、 安全 、 有效 开展，检测结果 准确 、 有效 ， 保障 检测人员的安全和健康。

554. 检测机构应建立、健全 安全生产责任制 和各项 安全管理制度 ，确保检测工作正常进行， 杜绝 安全事故发生。

555. 检测时及检测后发现仪器设备有故障，如能查到 故障时点 ，换用仪器设备从 故障时点之后 继续检测，若无法确定故障时点，应 重新 进行检测。

556. 建筑物防雷设计，应在认真调查地理、地质、土壤、气象、环境等条件和 雷电活动规律 以及被保护物的特点等的基础上，详细研究防雷装置的形式及其布置。

二、单选题

1. 第一、第二类场所内接地干线与接地装置的连接点不应少于(C)。

A. 四处　B. 三处　C. 二处　D. 一处

2. 火灾危险储运场所浮顶罐的浮船、罐壁和活动走梯等活动的金属构件与罐壁之间的电气连接线应采用截面不小于(A)的铜芯软绞线。

A. 50 mm^2　B. 40 mm^2　C. 30 mm^2　D. 20 mm^2

3. 火灾危险储运场所浮顶罐的浮船、罐壁和活动走梯等活动的金属构件与罐壁之间的连接点不应少于(C)。

A. 四处　B. 三处　C. 二处　D. 一处

4. 火灾危险储运场所金属配管中间的非导体管两端的金属管应分别与接地干线相连，或采用截面积不小于(B)的铜芯软绞线跨接后接地。

A. 5 mm^2　B. 6 mm^2　C. 7 mm^2　D. 8 mm^2

5. 爆炸和火灾危险场所的防直击雷装置，每根引下线的冲击接地电阻不应大于(D)。

A. 3 Ω　B. 4 Ω　C. 5 Ω　D. 10 Ω

6. 电子信息系统是由(D)、控制设备及电力电子装置及其相关的配套设备、设施(含网络)等的电子设备构成的，按照一定应用目的和规则对信息进行采集、加工、存储、传输、检索等处理的人机系统。

A. 计算机　B. 通信设备

C. 处理设备　D. 计算机、通信设备、处理设备

7. (A)是外部和内部雷电防护系统的总称。外部防雷由接闪器、引下线和接地装置等组成，用于直击雷的防护。内部防雷由等电位连接、共用接地装置、屏蔽、合理布线、浪涌保护器等组成，用于减小和防止雷电流在需防护空间内所产生的电磁效应。

A. 综合防雷系统　B. 共用防雷系统

C. 自然防雷系统　D. 总等电位防雷系统

8. (A)是将防雷系统的接地装置、建筑物金属构件、低压配电保护线(PE)、等电位连接端子板或连接带、设备保护接地、屏蔽体接地、防静电接地、功能性接地等连接在一起构成共用的接地系统。

A. 共用接地系统　B. 自然接地系统

C. 总等电位接地系统　D. 综合防雷接地系统

9. (B)是兼有接地功能、但不是为此目的而专门设置的与大地有良好接触的各种金属构件、金属井管、混凝土中的钢筋等的统称。

A. 共用接地体　B. 自然接地体

C. 总等电位接地体　D. 综合防雷接地体

10. (A)是将保护导体、等电位连接导体和工作接地导体与接地装置连接的端子或接地排。

A. 接地端子　B. 接闪器　C. 引下线　D. 浪涌保护器

11. (A)是将多个接地端子连接在一起并直接与接地装置连接金属板。

A. 总等电位接地端子板　B. 楼层等电位接地端子板

C. 局地等电位接地端子板　D. 等电位连接带

12. (A)是建筑物内楼层设置的接地端子板，供局部等电位接地端子板作等电位连接用。

A. 楼层等电位接地端子板　B. 等电位连接带

C. 局地等电位接地端子板　D. 总等电位接地端子板

13. (C)是电子信息系统机房内局部等电位连接网络接地的端子板。

A. 楼层等电位接地端子板　B. 等电位连接带

C. 局地等电位接地端子板(排)　D. 总等电位接地端子板

14. (B)是用作等电位连接的金属导体。

A. 楼层等电位接地端子板　B. 等电位连接带

C. 局地等电位接地端子板(排)　D. 总等电位接地端子板

15. (A)是建筑物内用作等电位连接的所有导体和浪涌保护器组成的网络。

A. 等电位连接网络　B. 等电位连接带

C. 等电位连接板　D. 等电位连接排

16. (A)是这种浪涌保护器在无浪涌时呈现高阻抗，当出现电压浪涌时突变为低阻抗。通常采用放电间隙、气体放电管、晶闸管和三端双向可控硅元件作这类浪涌保护器的组件。

A. 电压开关型浪涌保护器　B. 电压限制型浪涌保护器

C. 电流开关型浪涌保护器　D. 电流限制型浪涌保护器

17. (B)是这种浪涌保护器在无浪涌时呈现高阻抗，但随浪涌电流和电压的增加其阻抗会不断减小，又称限压型浪涌保护器。用作这类非线性装置的常见器件有压敏电阻和抑制二极管。

A. 电压开关型浪涌保护器　B. 电压限制型浪涌保护器

C. 电流开关型浪涌保护器　D. 电流限制型浪涌保护器

18. (A)是流过浪涌保护器，具有 8/20 μs 波形的电流峰值，用于浪涌保护器的Ⅱ类试验以及Ⅰ类、Ⅱ类试验的预处理试验。

A. 标称放电电流　B. 最大放电电流　C. 冲击电流　D. 限制电流

19. (B)是流过浪涌保护器，具有 8/20 μs 波形的电流峰值，其值按Ⅱ类动作负载试验的程序确定。I_{max}大于I_n。

A. 标称放电电流　B. 最大放电电流　C. 冲击电流　D. 限制电流

20. (C)是由电流峰值 I_{peak}、电荷量 Q 和比能量 W/R 三个参数定义的电流，用于浪涌保护器的Ⅰ类试验，典型波形为 10/350 μs。

A. 标称放电电流　B. 最大放电电流　C. 冲击电流　D. 限制电流

21. (A)是可连续施加在浪涌保护器上的最大交流电压有效值或直流电压。

A. 最大持续工作电压　B. 最大放电工作电压

C. 最大冲击工作电压　D. 最大限制工作电压

22. (A)是放电电流流过浪涌保护器时，在其端子间的电压峰值。

A. 残压　B. 最大放电电压　C. 冲击电压　D. 限制电压

23. (D)是施加规定波形和幅值的冲击时，在浪涌保护器接线端子间测得的最大电压峰值。

A. 残压　B. 最大放电电压　C. 冲击电压　D. 限制电压

24. (A)是表征浪涌保护器限制接线端子间电压的性能参数，该值应大于限制电压的最高值。

A. 电压保护水平　B. 有效保护水平

C. 冲击电压保护水平　D. 限制电压保护水平

25. (B)是浪涌保护器连接导线的感应电压降与浪涌保护器电压保护水平 U_p之和。

A. 电压保护水平　B. 有效保护水平

C. 冲击电压保护水平　D. 限制电压保护水平

26. (A)是视在波前时间为 1.2 μs，半峰值时间为 50 μs 的冲击电压。

A. 1.2/50 μs 冲击电压　B. 50/1.2 μs 冲击电压

C. 12/50 μs 冲击电压　D. 50/12μs 冲击电压

27. (A)是视在波前时间为 8 μs，半峰值时间为 20 μs 的冲击电流。

A. 8/20 μs 冲击电流　B. 20/8 μs 冲击电流

C. 8/20 μs 冲击电压　D. 20/8 μs 冲击电压

28. (A)由冲击发生器产生，开路时输出 1.2/50 μs 冲击电压，短路时输出 8/20 μs 冲击电流。提供给浪涌保护器的电压、电流幅值及其波形由冲击发生器和受冲击作用的浪涌保护器的阻抗而定。开路电压峰值和短路电流峰值之比为 2 Ω，该比值定义为虚拟输出阻抗 Z_f，短路电流用符号 I_{sc}表示，开路电压用符号 U_{oc}表示。

A. 复合波　B. 冲击波　C. 脉冲波　D. 电流波

29. (A)是传输系统中插入一个浪涌保护器所引起的损耗，其值等于浪涌保护器插入前后的功率比。插入损耗常用分贝(dB)来表示。

A. 插入损耗　B. 并联损耗　C. 串联损耗　D. 直接损耗

30. (C)是由于浪涌、使用或不利环境的影响造成浪涌保护器原始性能参数的变化。

A. 损耗　B. 优化　C. 劣化　D. 直接损耗

31. (C)是利用放热化学反应时快速产生超高热量，使两导体熔化成一体的连接方法。

A. 热弧焊　B. 熔焊　C. 热熔焊　D. 弧焊

32. (B)是雷击导致的年平均可能损失(人和物)与受保护对象的总价值(人和物)之比。

A. 雷击风险评估　B. 雷击损害风险　C. 雷击直接风险　D. 雷击间接风险

33. 在被保护线路中并联接入多级 SPD 时，如果开关型 SPD 与限压型 SPD 之间的线路长度小于(A)时，为实现多级 SPD 间的能量配合，应在 SPD 之间的线路上串接适当的退耦元件。

A. 10 m　B. 20 m　C. 30 m

34. 在被保护线路中并联接入多级 SPD 时，如果限压型 SPD 之间的线路长度小于(B)时，为实现多级 SPD 间的能量配合，应在 SPD 之间的线路上串接适当的退耦元件。

A. 10 m　B. 5 m　C. 30 m

35. 泄漏电流在测试中常用(A)倍的直流参考电压进行。

A. 0.75　B. 0.7　C. 0.5

36. 储存易燃油品的地上固定顶油罐距储罐外壁和顶部（ A ）范围内及储罐外壁至防火堤，其高度为堤顶高的范围内属于爆炸危险环境 2 区。

A. 3 m　　B. 4 m　　C. 5 m

37. 当树木在第一类防雷建筑物接闪器保护范围外时，应检查第一类防雷建筑物与树木之间的净距，其净距应大于（ B ）。

A. 3 m　　B. 5 m　　C. 4 m　　D. 7 m

38. 选择电子系统信号电涌保护器，U_c值一般应高于系统运行时信号线上的最高工作电压的（ A ）。

A. 1.2 倍　　B. 1.4 倍　　C. 1.5 倍　　D. 1.6 倍

39. SPD 两端的引线长度之和宜不大于（ B ），SPD 应安装牢固。

A. 1 m　　B. 0.5 m　　C. 1.5 m

40. SPD 连接导线的过渡电阻应不大于（ A ）。

A. 0.2 Ω　　B. 0.3 Ω　　C. 0.1 Ω

41. 在重要的终端设备或精密敏感设备处，宜安装第三级 SPD，其标称放电电流 I_n 值不宜小于（ C ）(8/20 μs)。

A. 2 kA　　B. 5 kA　　C. 3 kA

42. 当在线路上多处安装 SPD 时，电压开关型 SPD 与限压型 SPD 之间的线路长度不宜小于（ A ）。

A. 10 m　　B. 5 m　　C. 3 m

43. 当在线路上多处安装 SPD 时，限压型 SPD 之间的线路长度不宜小于（ B ）。

A. 10 m　　B. 5 m　　C. 3 m

44. 电信和信号网络 SPD 在 $LPZ0_A$ 区或 $LPZ0_B$ 区与 LPZ1 区交界处应选用 I_{imp} 值为（ C ）(10/350 μs 或 10/250 μs)的 SPD 或 4 kV(10/700 μs)的 SPD。

A. 0.5～1.5 kA　　B. 0.5～3.5 kA　　C. 0.5～2.5 kA

45. 防雷装置检测时，每一项检测需要有（ A ）以上共同进行，每一个检测点的检测数据需经复核无误后，填入原始记录表。

A. 二人　　B. 三人　　C. 四人

46. 具有爆炸和火灾危险环境的防雷建筑物检测间隔时间为（ B ）。

A. 12 个月　　B. 6 个月　　C. 3 个月

47. 除具有爆炸和火灾危险环境的防雷建筑物，其他防雷建筑物检测间隔时间为（ A ）。

A. 12 个月　　B. 6 个月　　C. 3 个月

48. 汽车加油接地装置冲击接地电阻允许值小于或等于（ A ）。

A. 10 Ω　　B. 4 Ω　　C. 5 Ω　　D. 1 Ω

49. 加气站接地装置冲击接地电阻允许值小于或等于（ A ）。

A. 10 Ω　　B. 4 Ω　　C. 5 Ω　　D. 1 Ω

50. 电子信息系统机房接地装置冲击接地电阻允许值小于或等于（ B ）。

A. 10 Ω　　B. 4 Ω　　C. 5 Ω　　D. 1 Ω

51. 天气雷达站接地装置冲击接地电阻允许值小于或等于（ B ）。

A. 10 Ω　　B. 4 Ω　　C. 5 Ω　　D. 1 Ω

52. 配电电气装置(A 类)接地装置冲击接地电阻允许值小于或等于(B)。

A. 10 Ω　B. 4 Ω　C. 5 Ω　D. 1 Ω

53. 配电变压器(B 类)接地装置冲击接地电阻允许值小于或等于(B)。

A. 10 Ω　B. 4 Ω　C. 5 Ω　D. 1 Ω

54. 卫星地球站接地装置冲击接地电阻允许值小于或等于(C)。

A. 10 Ω　B. 4 Ω　C. 5 Ω　D. 1 Ω

55. 移动基站接地装置冲击接地电阻允许值小于或等于(A)。

A. 10 Ω　B. 4 Ω　C. 5 Ω　D. 1 Ω

56. 加油加气站防雷接地、防静电接地、电气设备的工作接地、保护接地及信息系统的接地当采用共用接地装置时,其接地电阻不应大于(B)。

A. 10 Ω　B. 4 Ω　C. 5 Ω　D. 1 Ω

57. 雷达站共用接地装置在土壤电阻率小于 100 Ω·m 时,接地电阻宜小于或等于(D)。

A. 10 Ω　B. 4 Ω　C. 5 Ω　D. 1 Ω

58. 雷达站共用接地装置在土壤电阻率为 100～300 Ω·m 时,接地电阻宜小于或等于(C)。

A. 4 Ω　B. 3 Ω　C. 2 Ω　D. 1 Ω

59. 雷达站共用接地装置在土壤电阻率为 300～1000 Ω·m 时,接地电阻宜小于或等于(A)。

A. 4 Ω　B. 3 Ω　C. 2 Ω　D. 1 Ω

60. 接闪器与接闪引下线搭接长度,扁钢与扁钢搭接为扁钢宽度的(B),不少于三面施焊。

A. 1 倍　B. 2 倍　C. 3 倍　D. 6 倍

61. 接闪器与接闪引下线搭接长度,圆钢与圆钢搭接为圆钢直径的(D),双面施焊。

A. 1 倍　B. 2 倍　C. 3 倍　D. 6 倍

62. 接闪器与接闪引下线搭接长度,圆钢与扁钢搭接为圆钢直径的(D),双面施焊。

A. 1 倍　B. 2 倍　C. 3 倍　D. 6 倍

63. 接闪器与接闪引下线搭接长度,扁钢与钢管焊接,紧贴(A)钢管表面上下两侧施焊。

A. 3/4　B. 3/5　C. 3/6　D. 1/4

64. 接闪器与接闪引下线搭接长度,扁钢与角钢焊接,紧贴角钢外侧(B)上下两侧施焊。

A. 一面　B. 两面

65. 使用接地电阻测试仪测量外墙内、外竖直敷设的金属管道及金属物的顶端和底端的接地电阻不应大于(A)。

A. 4 Ω　B. 3 Ω　C. 2 Ω　D. 1 Ω

66. 引下线应与接闪器和接地装置可靠连接,引下线的接地电阻不大于(A)。

A. 4 Ω　B. 3 Ω　C. 2 Ω　D. 1 Ω

67. 引下线应有防腐措施,锈蚀残存截面积不小于(C)。

A. 3/4　B. 3/5　C. 2/3　D. 1/4

68. 新建、改建和扩建工程引下线的结构主筋应在接头处用黄色油漆涂刷长度(B)的色环。

A. 1～5 cm　B. 2～5 cm　C. 1～4 cm　D. 1～3 cm

69. $LPZ0_B$区与 LPZ1 区处(总等电位连接处)等电位连接导线的最小截面积铜材为(B)。

A. 10 mm^2　B. 16 mm^2　C. 30 mm^2　D. 50 mm^2

70. 检测业务受理完成后(C)内联系受检单位,约定服务时间。

A. 1 个工作日　　B. 2 个工作日　　C. 3 个工作日　　D. 4 个工作日

71. 检测机构应安排质量监督员定期对检测人员的现场操作流程进行现场监督，每月不少于（ A ）。

A. 1 次　　B. 2 次　　C. 3 次　　D. 4 次

72. 项目复测比例最低不小于（ D ）。

A. 4%　　B. 3%　　C. 2%　　D. 1%

73. 检测原始记录检查比例最低不小于（ A ）。

A. 1%　　B. 2%　　C. 3%　　D. 4%

74. 检测报告检查比例最低不小于（ D ）。

A. 4%　　B. 3%　　C. 2%　　D. 1%

75. 检测机构对检测人员的服务质量回访率不低于（ C ）。

A. 4%　　B. 5%　　C. 10%　　D. 20%

76. 对用户的投诉，检测机构应当在接到投诉之日起（ B ）个工作日内将处理结果答复用户。

A. 15　　B. 30　　C. 40　　D. 50

77. 遇（ C ）级以上强风天气时，不应高处作业。

A. 5　　B. 6　　C. 7　　D. 8

78. 现场环境能见度小于（ D ）时，应停止检测。

A. 50 m　　B. 60 m　　C. 70 m　　D. 100 m

79. 检测机构应至少配备（ A ）安全员。

A. 1 名　　B. 2 名　　C. 3 名　　D. 4 名

80. 检测机构应安排安全员对检测人员进行现场安全检查，每月不少于（ B ）。

A. 1 次　　B. 2 次　　C. 3 次　　D. 4 次

81. （ B ）是用于对建筑物进行雷电防护的整套装置，由外部防雷装置和内部防雷装置组成。

A. 防雷接地　　B. 防雷装置　　C. 接闪器　　D. 浪涌保护器

82. （ D ）是用于防护直击雷的防雷装置，由接闪器、引下线和接地装置组成。

A. 接闪器　　B. 防雷接地　　C. 内部防雷装置　　D. 外部防雷装置

83. （ C ）是用于减小雷电流在所需防护空间内产生的电磁效应的防雷装置，由屏蔽导体、等电位连接件和电涌保护器等组成。

A. SPD　　B. 防雷接地　　C. 内部防雷装置　　D. 外部防雷装置

84. （ A ）是埋入土壤或混凝土基础中作散流用的导体。

A. 接地体　　B. 接地线　　C. 等电位连接带　　D. 外部防雷装置

85. （ B ）是从引下线断接卡或测试点至接地体的连接导体，或从接地端子、等电位连接带至接地体的连接导体。

A. 接地体　　B. 接地线　　C. 等电位连接带　　D. 外部防雷装置

86. 电涌保护器：用于限制瞬态过电压和分泄电涌电流的器件。至少含有（ A ）非线性元件。

A. 一个　　B. 二个　　C. 三个　　D. 四个

87. （ A ）是位于电涌保护器外部的前端，作为电气装置的一部分的过电流保护装置。

A. 后备过电流保护　　B. 后备过电压保护

C. 前置过电流保护　　D. 前置过电压保护

88.（B）是建筑物内的电气和电子系统。

A. 保护对象　B. 内部系统　C. 系统　D. 外部系统

89.（B）是由低压供电组合部件构成的系统。

A. 内部系统　B. 电气系统　C. 电子系统　D. 外部系统

90.（C）是由通信设备、计算机、控制和仪表系统、无线电系统和电力电子装置构成的系统。

A. 内部系统　B. 电气系统　C. 电子系统　D. 信息系统

91.（A）是按同一的生产条件或规定的方式汇总起来供检验用的，由一定的数量样本组成的检验体。

A. 检验批　B. 检验码　C. 检查批　D. 质检体

92.（A）是建筑工程中对安全、卫生、环境保护和公众利益起决定性作用的检验项目。

A. 主控项目　B. 一般项目　C. 重点项目　D. 主要项目

93.（B）是除主控项目以外的检验项目。

A. 主控项目　B. 一般项目　C. 重点项目　D. 主要项目

94. 第一类防雷建筑物独立接闪杆的杆塔、架空接闪线的端部和架空接闪网的每根支柱处应至少设（C）引下线。

A. 三根　B. 二根　C. 一根

95. 第一类防雷建筑物排放爆炸危险气体的管口外，当无管帽时，管口上方半径（A）的半球体，应处于接闪器的保护范围内。

A. 5 m　B. 6 m　C. 10 m　D. 8 m

96. 第一类防雷建筑物排放蒸气或粉尘的放散管的管口外，当无管帽时，管口上方半径（C）的半球体，应处于接闪器的保护范围内。

A. 3 m　B. 4 m　C. 5 m　D. 8 m

97. 第一类防雷建筑物独立接闪杆、架空接闪线或架空接闪网应设独立的接地装置，每一引下线的冲击接地电阻不宜大于（D）。

A. 1 Ω　B. 4 Ω　C. 5 Ω　D. 10 Ω

98. 第一类防雷建筑物在土壤电阻率高的地区，可适当增大冲击接地电阻，但在 3000 Ω · m 以下的地区，冲击接地电阻不应大于（C）。

A. 10 Ω　B. 20 Ω　C. 30 Ω　D. 40 Ω

99. 第一类防雷建筑物防闪电感应时，金属屋面周边每隔（A）应采用引下线接地一次。

A. 18～24 m　B. 18～25 m　C. 18～26 m　D. 18～28 m

100. 第一类防雷建筑物防闪电感应时，平行敷设的管道其净距小于（D）时，应采用金属线跨接，跨接点的间距不应大于 30 m。

A. 10 mm　B. 50 mm　C. 700 mm　D. 100 mm

101. 第一类防雷建筑物防闪电感应时，平行敷电缆金属外皮等长金属物，其净距小于 100 mm 时，应采用金属线跨接，跨接点的间距不应大于（B）。

A. 10 m　B. 30 m　C. 40 m　D. 50 m

102. 第一类防雷建筑物防闪电感应时，平行敷设的管道交叉净距小于（D）时，其交叉处也应跨接。

A. 10 mm　B. 50 mm　C. 700 mm　D. 100 mm

103. 第一类防雷建筑物防闪电感应时，对有不少于(A)螺栓连接的法兰盘，在非腐蚀环境下，可不跨接。

A. 5 根　B. 3 根　C. 2 根　D. 1 根

104. 第一类防雷建筑物防闪电感应的接地装置应与电气和电子系统的接地装置共用，其工频接地电阻不宜大于(C)。

A. 1 Ω　B. 4 Ω　C. 10 Ω　D. 20 Ω

105. 第一类防雷建筑物防闪电感应当屋内设有等电位连接的接地干线时，其与防闪电感应接地装置的连接不应少于(B)。

A. 1 处　B. 2 处　C. 3 处　D. 4 处

106. 第一类防雷建筑物防闪电感应的接地装置与独立接闪杆的接地装置之间的间隔距离不得小于(C)。

A. 1 m　B. 2 m　C. 3 m　D. 5 m

107. 第一类防雷建筑物防闪电电涌侵入时，距离建筑物 100 m 内的管道，宜每隔(D)接地一次，其冲击接地电阻不应大于 30 Ω。

A. 10 m　B. 15 m　C. 20 m　D. 25 m

108. 第一类防雷建筑物引下线不应少于(B)，并应沿建筑物四周和内庭院四周均匀或对称布置。

A. 1 根　B. 2 根　C. 3 根　D. 4 根

109. 第一类防雷建筑物应装设等电位连接环，环间垂直距离不应大于(B)。

A. 10 m　B. 12 m　C. 18 m　D. 25 m

110. 第一类防雷建筑物每根引下线的冲击接地电阻不应大于(C)。

A. 4 Ω　B. 5 Ω　C. 10 Ω　D. 20 Ω

111. 第一类防雷建筑物当建筑物高于 30 m 时，应从 30 m 起每隔不大于(B)沿建筑物四周设水平接闪带并应与引下线相连。

A. 3 m　B. 6 m　C. 9 m　D. 12 m

112. 当树木邻近第一类防雷建筑物且不在接闪器保护范围之内时，树木与建筑物之间的净距不应小于(C)。

A. 3 m　B. 4 m　C. 5 m　D. 6 m

113. 第二类防雷建筑物专设引下线不应少于(B)。

A. 1 根　B. 2 根　C. 3 根　D. 4 根

114. 第二类防雷建筑物专设引下线其间距沿周长计算不应大(B)。

A. 12 m　B. 18 m　C. 20 m　D. 25 m

115. 敷设在混凝土中作为防雷装置的钢筋或圆钢，当仅为一根时，其直径不应小于(B)。

A. 8 mm　B. 10 mm　C. 12 mm　D. 18 mm

116. 被利用作为防雷装置的混凝土构件内有箍筋连接的钢筋时，其截面积总和不应小于一根直径(B)钢筋的截面积。

A. 8 mm　B. 10 mm　C. 12 mm　D. 18 mm

117. 当金属物或线路与引下线之间有混凝土墙、砖墙隔开时，其击穿强度应为空气击穿强度的(A)。

A. 1/2　　B. 1/3　　C. 1/4

118. 第三类防雷建筑物专设引下线其间距沿周长计算不应大(D)。

A. 12 m　　B. 18 m　　C. 20 m　　D. 25 m

119. 当非金属烟囱无法采用单支或双支接闪杆保护时，应在烟囱口装设环形接闪带，并应对称布置(B)高出烟囱口不低于 0.5 m 的接闪杆。

A. 二支　　B. 三支　　C. 四支

120. 高度不超过(C)的烟囱，可只设一根引下线。

A. 30 m　　B. 35 m　　C. 40 m　　D. 45 m

121. 烟囱高度超过(C)时应设两根引下线。

A. 30 m　　B. 35 m　　C. 40 m　　D. 45 m

122. 粮、棉及易燃物大量集中的露天堆场，当其年预计雷击次数大于或等于 0.5 次/a 时，应采用独立接闪杆或架空接闪线防直击雷。独立接闪杆和架空接闪线保护范围的滚球半径可取(D)。

A. 30 m　　B. 45 m　　C. 60 m　　D. 100 m

123. 除第一类防雷建筑物外，金属屋面的建筑物宜利用其屋面作为接闪器，金属板下面有易燃物品时，不锈钢板厚度不应小于(D)。

A. 7 mm　　B. 6 mm　　C. 5 mm　　D. 4 mm

124. 除第一类防雷建筑物外，金属屋面的建筑物宜利用其屋面作为接闪器，金属板下面有易燃物品时，热镀锌钢板的厚度不应小于(C)。

A. 7 mm　　B. 6 mm　　C. 4 mm　　D. 3 mm

125. 除第一类防雷建筑物外，金属屋面的建筑物宜利用其屋面作为接闪器，金属板下面有易燃物品时，钛板的厚度不应小于(A)。

A. 4 mm　　B. 5 mm　　C. 6 mm　　D. 7 mm

126. 除第一类防雷建筑物外，金属屋面的建筑物宜利用其屋面作为接闪器，金属板下面有易燃物品时，铜板的厚度不应小于(B)。

A. 4 mm　　B. 5 mm　　C. 6 mm　　D. 7 mm

127. 第二类防雷建筑物，当其高度超过(C)时，利用滚球法，球体垂直下降时接触到水平突出外墙的物体，应采取相应的防雷措施。

A. 30 m　　B. 40 m　　C. 45 m　　D. 60 m

128. 在腐蚀性较强的场所，采取下列哪项措施可以有效避免接闪器因腐蚀而不能正常工作。(B)。

A. 增加引下线　　B. 加大截面积　　C. 包封　　D. 刷防腐涂料

129. 在防雷击电磁脉冲时，对由金属物、金属框架或钢筋混凝土钢筋等自然构件构成建筑物或房间的格栅形大空间屏蔽，应将穿入大空间屏蔽的导电金属物就近与其做(B)。

A. 接地　　B. 等电位连接　　C. 屏蔽　　D. 绝缘

130. 220/380 V 三相系统中耐冲击过电压为 II 类的用电设备有(D)。

A. 配电盘　　B. 断路器　　C. 电气计量仪表　　D. 家用电器

131. 220/380 V 三相系统中耐冲击过电压为 I 类的用电设备有(A)。

A. 计算机　　B. 断路器　　C. 开关　　D. 插座

132. 第一类防雷建筑物正极性首次雷击最大雷电流对应的滚球半径(A)。
A. 313 m　　B. 315 m　　C. 316 m　　D. 317 m
133. 第二类防雷建筑物正极性首次雷击最大雷电流对应的滚球半径(B)。
A. 313 m　　B. 260 m　　C. 200 m　　D. 127 m
134. 第三类防雷建筑物正极性首次雷击最大雷电流对应的滚球半径(C)。
A. 313 m　　B. 260 m　　C. 200 m　　D. 127 m
135. 第一类防雷建筑物负极性首次雷击最大雷电流对应的滚球半径(C)。
A. 313 m　　B. 260 m　　C. 200 m　　D. 127 m
136. 第二类防雷建筑物负极性首次雷击最大雷电流对应的滚球半径(B)。
A. 313 m　　B. 165 m　　C. 200 m　　D. 127 m
137. 第三类防雷建筑物负极性首次雷击最大雷电流对应的滚球半径(D)。
A. 313 m　　B. 260 m　　C. 200 m　　D. 127 m
138. 第一类防雷建筑物负极性后续雷击最大雷电流对应的滚球半径(D)。
A. 313 m　　B. 260 m　　C. 200 m　　D. 127 m
139. 第二类防雷建筑物负极性后续雷击最大雷电流对应的滚球半径(A)。
A. 105 m　　B. 81 m　　C. 650 m　　D. 127 m
140. 第三类防雷建筑物负极性后续雷击最大雷电流对应的滚球半径(B)。
A. 105 m　　B. 81 m　　C. 650 m　　D. 127 m
141. 第一类防雷建筑物正极性首次雷击最大雷电流(A)。
A. 200 kA　　B. 315 kA　　C. 316 kA　　D. 317 kA
142. 第二类防雷建筑物正极性首次雷击最大雷电流(B)。
A. 200 kA　　B. 150 kA　　C. 316 kA　　D. 31 kA
143. 第三类防雷建筑物正极性首次雷击最大雷电流(C)。
A. 200 kA　　B. 150 kA　　C. 100 kA　　D. 50 kA
144. 第一类防雷建筑物负极性首次雷击最大雷电流(C)。
A. 200 kA　　B. 150 kA　　C. 100 kA　　D. 50 kA
145. 第二类防雷建筑物负极性首次雷击最大雷电流(B)。
A. 200 kA　　B. 75 kA　　C. 100 kA　　D. 50 kA
146. 第三类防雷建筑物负极性首次雷击最大雷电流(D)。
A. 200 kA　　B. 150 kA　　C. 100 kA　　D. 50 kA
147. 第一类防雷建筑物负极性后续雷击最大雷电流(D)。
A. 75 kA　　B. 150 kA　　C. 100 kA　　D. 50 kA
148. 第二类防雷建筑物负极性后续雷击最大雷电流(A)。
A. 37.5 kA　　B. 150 kA　　C. 100 kA　　D. 50 kA
149. 第三类防雷建筑物负极性后续雷击最大雷电流(B)。
A. 37.5 kA　　B. 25 kA　　C. 100 kA　　D. 50 kA
150. 安装于水平面上的水平导体,采用扁形导体固定支架的间距(A)。
A. 500 mm　　B. 1000 mm　　C. 1200 mm　　D. 1500 mm
151. 安装于水平面上的水平导体,采用单根圆形导体固定支架的间距(B)。

A. 500 mm　B. 1000 mm　C. 1200 mm　D. 1500 mm

152. 安装于垂直面上的水平导体,采用单根圆形导体固定支架的间距(B)。

A. 500 mm　B. 1000 mm　C. 1200 mm　D. 1500 mm

153. 安装于垂直面上的水平导体,采用扁形导体固定支架的间距(A)。

A. 500 mm　B. 1000 mm　C. 1200 mm　D. 1500 mm

154. 落地雷闪是云地间的大气放电现象,由(A)或多个雷击组成。

A. 一个　B. 二个　C. 三个　D. 四个

155. 下行雷是始于云到地一个(B)先导的雷闪。

A. 向上　B. 向下　C. 上下　D. 随机

156. 上行雷是始于地面建筑物到云端一个(A)先导的雷闪。

A. 向上　B. 向下　C. 上下　D. 随机

157. 雷击是落地雷闪中的(A)放电。

A. 单次　B. 二次　C. 多次　D. 后续

158. (C)是雷闪的组成部分,它对应于一个冲击电流。

A. 多次雷击　B. 长雷击　C. 短雷击　D. 单次雷击

159. 多重雷击是平均由(B)个雷击组成的雷闪,两个雷击的时间间隔通常约为 50 ms。

A. 1～2　B. 3～4　C. 5～6　D. 7～8

160. 雷击点是雷电击中(D)的点。

A. 任意物体　B. 动物

C. 水体　D. 大地或高耸物体(如建筑物、LPS、服务设施、树等)

161. 雷电流是流经(C)的电流。

A. 建筑物　B. 金属构件　C. 雷击点　D. 接闪器

162. 峰值是雷电流的(D)。

A. 平均值　B. 最小值　C. 中间值　D. 最大值

163. 短雷击电流波头的平均陡度是数值上等于在时间间隔 t_2-t_1 内雷电流的(D)。

A. 积分　B. 总和　C. 大小　D. 平均变化率

164. 短雷击电流的波头时间是一个虚拟参数,定义为雷电流波头达到 10%峰值到 90%峰值时间间隔的(A)倍。

A. 1.25　B. 1.5　C. 1　D. 2

165. 短雷击电流的视在原点是连接雷电流波头 10%和 90%峰值两参考点的直线与时间轴的交点。它位于雷电流达到(B)峰值时刻之前 $0.1T_1$ 处。

A. 5%　B. 10%　C. 15%　D. 20%

166. 短雷击电流的半值时间是一个虚拟参数,定义为视在原点 O_1 到雷电流下降至峰值(C)时的时间间隔。

A. 一半以下　B. 一半左右　C. 一半　D. 1/3

167. 雷闪(B)是雷电流流过雷击点的时间。

A. 击中时间　B. 持续时间　C. 发生时间　D. 消失时间

168. 长雷击电流的持续时间是连续电流在上升沿升到峰值的(D)%时至下降沿连续电流降到峰值(D)%时的时间间隔。

A. 5,10　B. 50,50　C. 5,5　D. 10,10

169. 雷闪电荷是整个雷闪持续期间雷电流对(A)的积分。

A. 时间　B. 空间　C. 电荷　D. 电压

170. 短雷击电荷是(A)短雷击中雷电流对时间的积分。

A. 一次　B. 二次　C. 三次　D. 多次

171. 长雷击的电荷是(A)长雷击中雷电流对时间的积分。

A. 一次　B. 二次　C. 三次　D. 多次

172. 单位能量是雷电流的(B)在整个雷闪持续期内对时间的积分。

A. 一次方　B. 平方　C. 立方　D. 多次方

173. 短雷击电流的单位能量是雷电流的平方在短雷击(A)内的时间积分。

A. 持续期　B. 初期　C. 末期　D. 固定周期

174. 被保护的建筑物是按照(D),为防御雷电影响而需要保护的建筑物。

A. 上级要求　B. 管理方要求　C. 内部制度　D. 雷电防护标准

175. 线路是连接到(C)的电源线或者通信线。

A. 重要设备　B. 配电箱　C. 被保护建筑物　D. 计算机机房

176. 通信线是多个独立建筑物中(D)之间的通信线,例如电话线和数据线。

A. 计算机机房　B. 电脑设备　C. 程控交换机　D. 设备

177. 电源线是输送(A)到建筑物使其内部电气和电子设备运行的配电线路。

A. 电能　B. 数据　C. 信息　D. 电压

178. 击中建筑物的雷闪是击中(B)的雷闪。

A. 普通建筑物　B. 被保护建筑物　C. 固定建筑物　D. 建筑物防雷设施

179. 击中建筑物附近的雷闪是击中被保护建筑物附近(D)的雷闪。

A. 及建筑物主体　B. 设施设备

C. 100 m 范围内　D. 且可能对被保护建筑物产生危险过电压

180. 物理损害是由于雷电的(C)效应对建筑物(或其内物体)所造成的损害。

A. 物理　B. 非化学

C. 机械、热、化学或爆炸等　D. 破坏

181. 人和动物的伤害是雷电引起的接触电压和(D)对人和动物的伤害,包括死亡。

A. 非接触电压　B. 爆炸　C. 灼伤　D. 跨步电压

182. 电气和电子系统的失效是由于雷电电磁脉冲(LEMP)导致电气和电子系统的(B)损害。

A. 暂时性　B. 永久性　C. 重大　D. 一切

183. 雷电电磁脉冲是雷电流经电阻、电感和电容耦合形成的(A),它产生浪涌和辐射电磁场。

A. 电磁效应　B. 物理现象　C. 化学现象　D. 以上都对

184. 风险容限是受保护对象所能容许的(B)风险值。

A. 最小　B. 最大　C. 平均　D. 基本

185. 雷电防护水平是与一组雷电流(D)有关的序数,该组参数值与在自然界发生雷电时最大和最小设计值不被超出的概率有关。

A. 最大值　B. 频率　C. 强度　D. 参数值

186. 防雷措施是为(C)受保护对象雷电损害风险而采取的措施。

A. 提醒　B. 杜绝　C. 减小　D. 提高

187. 防雷系统是用来减小雷击对建筑物造成物理损害的(A)系统。

A. 整个　B. 信息　C. 特殊　D. 高科技

188. 雷电防护是用于被保护建筑物防御雷电的整个系统,包括建筑物内部系统和物体、人员,一般由(A)和 SPM 组成。

A. LPS　B. PLS　C. SPL　D. SLP

189. (B)是外部 LPS 组成部分,用来把雷电流从接闪器系统引至接地体。

A. 接地体　B. 引下线　C. 外部导部件　D. 屏蔽体

190. (A)是外部 LPS 的组成部分,用于把雷电流引导并散入大地。

A. 接地体　B. 引下线　C. 外部导部件　D. 屏蔽体

191. (C)是进出受保护建筑物的金属延伸部件,如管道、电缆金属部件、金属线槽等,它们可以流过部分雷电流。

A. 接地体　B. 引下线

C. 外部导电部件　D. 屏蔽体

192. 雷电等电位连接是为减少雷电流引起的电位差,直接用(B)或通过浪涌保护器把分离的金属部件连接到 LPS 上的一种防雷措施。

A. 绝缘体　B. 导体　C. 保险丝　D. 特殊材料

193. 磁屏蔽是用于减少电气和电子系统的失效,包围受保护对象或其一部分的格栅或(A)的闭合金属屏蔽体。

A. 连续型　B. 圆形　C. 正方形　D. 全部

194. 协调配合的 SPD 防护系统是为了减少(D)和电子系统失效而适当选择、能量配合并装配起来的一组 SPD。

A. 电磁　B. 电压　C. 电流　D. 电气

195. 耐冲击电压额定值是由厂家给设备或其部件指定的冲击耐受电压,用以表征其绝缘对过电压的(B)耐受能力。

A. 平均　B. 规定　C. 最大　D. 最小

196. 协调配合的 SPD 系统是为了减少电气和电子系统的失效而(D)选择、能量配合并装配起来组成系统的 SPD。

A. 专门　B. 随机　C. 特殊　D. 适当

197. 耐冲击电压额定值是由(B)给设备或其部件指定的冲击耐受电压,用以表征其绝缘对过电压的规定耐受能力。

A. 用户　B. 厂家　C. 防雷管理机构　D. 气象部门

198. 隔离界面是能够减小进入 LPZ 的线路中传导(B)的装置。

A. 浪涌　B. 电流　C. 电压　D. 电荷

199. 雷电防护系统是用以减少(D)因雷击引起物理损坏的整套系统。

A. 国家　B. 单位　C. 企业　D. 某一建筑物

200. 外部防雷装置是 LPS 的一部分,由(A)、引下线、接地装置组成。

A. 接闪器　B. 浪涌保护器　C. 接闪针　D. 接闪网

201. 与受保护建筑物分离的外部 LPS 是由接闪器和(A)组成的 LPS,其安装位置使雷电流通道与受保护建筑物没有任何接触。

A. 引下线　B. 接地装置　C. SPD　D. 等电位连接带

202. 与受保护建筑物非分离的外部 LPS:LPS 的一部分,由雷电(D)和外部 LPS 电气绝缘组成。

A. 引下线　B. 接地装置　C. SPD　D. 等电位连接

203. 内部防雷装置是 LPS 的一部分,由雷电等电位连接和外部 LPS(D)组成。

A. 引下线　B. 接地装置　C. SPD　D. 电气绝缘

204. 接闪器是外部 LPS 的一部分,用于截收雷击的金属构件,如杆状接闪器、网格导线或(C)。

A. 引下线　B. 接地装置　C. 悬链线　D. 等电位连接带

205. 引下线是外部 LPS 的一部分,将接闪器雷电流传导至(B)。

A. 引下线　B. 接地装置　C. SPD　D. 等电位连接带

206. 环形导体是围绕建筑物四周形成一个回路的导体,与(A)相连,分散雷电流。

A. 引下线　B. 接地装置　C. SPD　D. 等电位连接带

207. 接地装置是外部 LPS 的一部分,将雷电流传导和(C)入地。

A. 释放　B. 分流　C. 分散　D. 接地

208. (B)是接地装置的一部分,通过它与大地直接相连,并将雷电流分散入地。

A. 引下线　B. 接地极　C. SPD　D. 等电位连接带

209. 环形接地极是在建筑物四周的土壤下层或地表形成一个(A)的接地极。

A. 封闭回路　B. 球形　C. 椭圆形　D. 环形

210. 基础接地极是指地基的(C)或预埋在建筑物混凝土中用作接地极的其他导体。

A. 引下线　B. 接地装置　C. 混凝土钢筋　D. 等电位连接带

211. 常规接地阻抗是指接地体电压峰值与(C)的比值。通常两者峰值不会同时出现。

A. 冲击电流　B. 雷电流　C. 电流峰值　D. 传导电流

212. 接地装置电压是指接地装置与远方大地间的(B)。

A. 电流差　B. 电位差　C. 位势　D. 积分

213. LPS 的自然构件是指不是为防雷而专门安装的(A),可用于 LPS,或在某些情况下,能具备 LPS 的一个或几个功能。

A. 导电部件　B. 接地装置　C. SPD　D. 等电位连接带

214. 连接部件是指外部 LPS 的一部分,用于(C)间连接或连接到金属装置。

A. 引下线　B. 接地装置　C. 导体　D. 等电位连接带

215. 固定部件是指外部 LPS 中的一部分,用于将 LPS 部件固定到(C)上。

A. 引下线　B. 接地装置　C. 受保护建筑物　D. 等电位连接带

216. 金属装置是指受保护建筑物内部可延续的金属构件,可形成雷电流通道。例如:管道、楼梯、电梯扶手、升降机导轨、通风装置、加热或空调管道以及(A)等。

A. 互联钢筋　B. 接地装置　C. SPD　D. 等电位连接带

217. 外部导体构件是指出入受保护建筑物,携带部分雷电流的可延续的金属构件。例如:(C)、金属电缆、金属导管等。

A. 引下线　B. 接地装置　C. 管道　D. 等电位连接带

218. 电气系统是指装有(A)及可能的电子部件的系统。

A. 低压供电部件 B. 配电箱 C. SPD D. 供电设备

219. 电子系统是指装有(B)的系统,例如:通信设备、计算机、控制和仪表系统、无线电系统和电力电子设备等。

A. 低压供电部件 B. 敏感电子部件 C. 重要设备 D. 需保护设备

220. 雷电等电位连接(EB)是指连接至分离导电部件的 LPS。直接连接或通过(C)连接,可减小雷电流产生的电位差。

A. 引下线 B. 接地装置 C. 浪涌保护器 D. 等电位连接带

221. 等电位连接排是指为了防雷装置做等电位连接,需要接地的金属装置、(A)、电力线路、通信线路及其他电缆可与之连接。

A. 外部导电部件 B. 接地装置 C. SPD D. 等电位连接带

222. 连接导体是指用于将分离导电部件与(C)进行连接的导体。

A. 引下线 B. 接地装置 C. LPS D. 等电位连接带

223. 互联钢筋是指混凝土建筑物内的钢结构,在电气上被认为是(B)。

A. 间隔的 B. 连续的 C. 连接的 D. 间断的

224. 危险火花是指由雷电引起的(A),可能会对受保护建筑物引起物理损坏。

A. 放电 B. 击穿 C. 烧灼 D. 燃烧

225. 隔距是指使两个导体之间不会出现(C)的距离。

A. 碰撞 B. 联系 C. 危险火花 D. 接触

226. 浪涌保护器是一种用来限制瞬时过电压和(D)的器件,它至少包含一个非线性元件。

A. 保护设备 B. 限制电流 C. 传导电流 D. 转移浪涌电流

227. 测试接头是用于(B)和 LPS 部件测量的点。

A. 引下线 B. 电气测试 C. SPD D. 等电位连接带

228. LPS 类型是指根据设计中的(C)水平,用来标识 LPS 分类的数字。

A. 防雷等级 B. SPD C. 雷电防护 D. 建筑物保护

229. 防雷设计人员是指能熟练进行(A)设计的专业人员。

A. LPS B. 接地装置 C. 建筑物防雷 D. 等电位连接带

230. 防雷安装人员是指能熟练安装(A)的人员。

A. LPS B. 接闪器 C. SPD D. 以上都是

231. 有爆炸危险的建筑物是储存固体爆炸性材料的建筑物或处于 IEC 60079-10 和 IEC 61241-10 中定义的(B)的建筑物。

A. 防雷分类 B. 危险区域 C. 重要程度 D. 安全水平

232. 固体爆炸性材料是指固体化合物、混合物或装置,主要用途或普通用途用于(C)。

A. 防火 B. 雷电防护 C. 爆炸 D. 建筑物安装

233. 浪涌是指由雷电电磁脉冲(LEMP)引起的,以过电压和/或过电流形态出现的(A)。

A. 瞬态波 B. 过电压 C. 过电流 D. 以上都是

234. 额定冲击耐受电压水平(U_w)是由制造商对设备或其某一部件认定的冲击耐受电压,表征其规定的对过电压的(B)能力。

A. 耐受 B. 抗击穿 C. 泄放 D. 防护

235. 雷电防护水平(LPL)是指与(A)相关的一组雷电流参数数值,其相关的最大和最小设计值不应当超过自然发生的雷电。

A. 概率　B. 防雷设计　C. 建筑物防护　D. 防护设备

236. 雷电防护区(LPZ)是指规定雷电(C)环境的区域。

A. 保护　B. 浪涌　C. 电磁场　D. 等电位

237. LEMP 防护措施系统(LPMS)是指(D)用来防护 LEMP 的完整防护措施系统。

A. 建筑物　B. 重要设备　C. 计算机机房　D. 内部系统

238. 格栅形空间屏蔽是指有(C)特征的磁屏蔽。

A. 网状　B. 防护　C. 开孔　D. 长方形

239. 连接网络是指建筑物和内部系统所有导体部件(带电导体除外)与(B)相互连接的网络。

A. 引下线　B. 接地装置　C. SPD　D. 等电位连接带

240. 电压开关型 SPD:无浪涌时呈高阻抗值,但一旦响应电压浪涌时,其阻抗突然变为(D)的 SPD。

A. 零　B. 减小　C. 持续减小　D. 低值

241. 限压型 SPD:无浪涌时呈高阻抗值,但随着浪涌电流和浪涌电压的增加,其阻抗会(C)的 SPD。

A. 变零　B. 减小　C. 不断减小　D. 保持低值

242. (A)是将电压开关型组件和限压型组件组装在一起的 SPD,根据外施电压的特性,SPD 显示出电压开关特性、限压特性或者同时具有电压开关特性和限压特性。

A. 组合型 SPD　B. 限压型 SPD

C. 电压开关型 SPD　D. 电压开关特性和限压特性 SPD

243. 《中华人民共和国气象法》于(C)开始正式实施。

A. 1999 年 10 月 31 日　B. 1999 年 5 月 18 日

C. 2000 年 1 月 1 日　D. 2000 年 3 月 1 日

244. 我国现行哪一部法律明确规定了雷电灾害防御工作的组织管理部门是各级气象主管机构?(D)

A.《中华人民共和国安全生产法》　B.《中华人民共和国质量法》

C.《防雷减灾管理办法》　D.《中华人民共和国气象法》

245. 《气象灾害防御条例》规定,(C)安装雷电防护装置应当符合国家有关防雷标准的规定。

A. 各类建筑物　B. 各类场所

C. 各类建(构)筑物、场所和设施　D. 各类场所和设施

246. 《气象灾害防御条例》规定,油库、气库、弹药库、化学品仓库和烟花爆竹、石化等易燃易爆建设工程和场所,雷电易发区内的矿区、旅游景点或者投入使用的建(构)筑物、设施等需要单独安装雷电防护装置的场所,以及雷电风险高且没有防雷标准规范、需要进行特殊论证的大型项目,其雷电防护装置的设计审核和竣工验收由(D)负责。

A. 部门经理　B. 技术负责人

C. 公司经理　D. 县级以上地方气象主管机构

247. 防雷装置实行(A)制度。

A. 定期检测　B. 不定期抽测　C. 五年一次检测

248.《防雷减灾管理办法》中规定，应当安装防雷装置而拒不安装的可以处（ B ）罚款。

A. 1 万元以下　　B. 1 万元以上 3 万元以下

C. 5 万元以下　　D. 5 万元以上 10 万元以下

249. 投入使用后的防雷装置实行（ B ）制度。

A. 检查校对　　B. 定期检测

C. 监督检查　　D. 安全检查

250. 根据《防雷减灾管理办法》规定，防雷装置实行竣工验收制度，未取得验收合格文件的防雷装置（ D ）。

A. 整改后使用　　B. 重新申请审核

C. 可以更换　　D. 不得投入使用

251. 遭受雷电灾害的单位和个人，应当配合气象主管机构做好雷电灾害的（ D ）工作。

A. 财产损失　B. 数据统计　C. 人员伤亡　D. 调查与鉴定

252. 已有防雷装置，拒绝进行检测或者经检测不合格又拒不整改的，由县级以上气象主管机构按照权限责令整改，给予警告，可以处 1 万元以上（ B ）元以下罚款。

A. 5 万　B. 3 万　C. 2 万　D. 1 万

253. 各级气象主管机构应当加强雷电灾害（ A ）的建设工作，提高雷电灾害预警和防雷减灾服务能力。

A. 预警系统　B. 监测系统　C. 网络系统　D. 防御系统

254. 气象主管机构进行防雷装置检测单位资质认定、防雷装置设计审核和竣工验收等行政许可事项，不得收取（ C ）。

A. 评审费　B. 工本费　C. 任何费用　D. 技术评和价检测费

255. 根据《雷电防护装置检测资质管理办法》规定，申报防雷装置检测甲级资质单位的高级技术职称人员，不少于（ B ）。

A. 一名　B. 二名　C. 三名　D. 四名

256. 根据《雷电防护装置检测资质管理办法》规定，申报防雷装置检测乙级资质单位的高级技术职称人员，不少于（ A ）。

A. 一名　B. 二名　C. 三名　D. 四名

257. 根据《雷电防护装置检测资质管理办法》规定，申报防雷装置检测甲级资质单位的中级技术职称人员，不少于（ D ）。

A. 一名　B. 二名　C. 四名　D. 六名

258. 根据《雷电防护装置检测资质管理办法》规定，申报防雷装置检测乙级资质单位的中级技术职称人员，不少于（ C ）。

A. 一名　B. 二名　C. 三名　D. 四名

259. 根据《雷电防护装置检测资质管理办法》规定，取得乙级资质（ C ）以上，才能申报甲级资质。

A. 一年　B. 两年　C. 三年　D. 五年

260. 取得甲级检测资质的单位，可以从事《建筑物防雷设计规范》规定的（ D ）建（构）筑物的防雷装置检测活动。

A. 第一类　B. 第二类　C. 第三类　D. 都可以

261. 取得乙级检测资质的单位，可以从事《建筑物防雷设计规范》规定的（C）建（构）筑物的防雷装置检测活动。

A. 第一类　　B. 第二类　　C. 第三类　　D. 都可以

262. 省、自治区、直辖市气象主管机构应当对本行政区域内取得防雷装置检测资质的单位建立（D）制度，将防雷装置检测活动和监督管理等信息纳入信用档案，并作为资质延续、升级的依据。

A. 资质管理　　B. 质量管理　　C. 安全管理　　D. 信用管理

263. 省、自治区、直辖市气象主管机构应当组织或委托（D）对防雷装置检测单位的检测质量进行考核。

A. 气象局下属机构　　B. 气象局指定机构

C. 与主管机构有业务关系的机构　　D. 第三方专业技术机构

264. 取得防雷装置检测资质的单位在资质证有效期内名称、地址、法定代表人等发生变更的，应当在法人资格管理部门变更登记后（C）工作日内，向原资质认定机构申请办理资质证变更手续。

A. 十个　　B. 五个　　C. 三十个　　D. 二十个

265.《防雷装置检测资质证》分正本和副本，由（C）统一印制。

A. 气象局　　B. 地市级气象局

C. 国务院气象主管机构　　D. 省级气象主管机构

266. 在处理防雷检测资质申报事务中，省、自治区、直辖市气象主管机构应当在收到全部申请材料之日起（B）工作日内作出是否受理的决定。

A. 三个　　B. 五个　　C. 七个　　D. 十个

267. 省、自治区、直辖市气象主管机构受理后，应当委托防雷装置检测资质评审委员会评审，并对评审结果进行审查。评审委员会评审时应当以（B）投票方式进行表决，并提出评审意见。

A. 不记名　　B. 记名　　C. 无限制　　D. 匿名

268. 防雷装置检测资质评审委员会的委员应当从评审专家库中（B）抽取确定，并报国务院气象主管机构备案。

A. 随意　　B. 随机　　C. 选择　　D. 按职称顺序

269. 通过防雷装置检测资质认定的，认定机构颁发《防雷装置检测资质证》，并在作出认定后（D）个工作日内报国务院气象主管机构备案。

A. 十个　　B. 十五个　　C. 二十个　　D. 三十个

270. 经过防雷装置检测资质评审委员会评审，未通过认定的，认定机构在（A）工作日内书面告知申请单位，并说明理由。

A. 十个　　B. 十五个　　C. 二十个　　D. 三十个

271. 防雷装置检测资质管理实行（C）制度。

A. 定期检测　　B. 不定期检测　　C. 年度报告　　D. 随机抽查

272. 防雷装置检测单位应当从取得资质证后次年起，在每年的第（B）向资质认定机构报送年度报告。

A. 一季度　　B. 二季度　　C. 三季度　　D. 四季度

273. 取得防雷装置检测资质的单位，应当在资质证有效期满（ C ）前，向原认定机构提出延续申请。

A. 一个月　B. 二个月　C. 三个月　D. 四个月

274. 取得防雷装置检测资质的单位发生合并、分立以及注册地跨省、自治区、直辖市变更的，应当按照本办法规定的程序及时向所在地的省、自治区、直辖市气象主管机构（ C ）资质。

A. 调整　B. 申请变更　C. 申请核定　D. 更换

275. 取得防雷装置检测资质的单位合并的，合并后存续或者新设立的单位可以承继合并前各方中（ B ）等级的资质，但应当符合相应的资质条件。

A. 较低　B. 较高　C. 所有　D. 相应

276. 取得防雷装置检测资质的单位达不到防雷装置检测资质条件的，由原资质认定的气象主管机构责令限期整改，整改后仍达不到资质条件的，予以（ A ）。

A. 降低等级或撤销资质　B. 吊销资质

C. 注销　D. 新注册

277. 鼓励防雷行业组织对防雷装置检测活动实行（ D ）管理，并接受省、自治区、直辖市气象主管机构的政策、业务指导和行业监督。

A. 自我　B. 行业　C. 企业　D. 行业自律

278. 《防雷装置检测资质证》规定，申请单位隐瞒有关情况、提供虚假材料申请资质认定的，有关气象主管机构不予受理或者不予行政许可，并给予警告。申请单位在（ C ）内不得再次申请资质认定。

A. 半年　B. 二年　C. 一年　D. 五年

279. 《雷电防护装置检测资质管理办法》规定，被许可单位以欺骗、贿赂等不正当手段取得资质的，有关气象主管机构按照权限给予警告，撤销其资质证，可以并处三万元以下罚款；被许可单位在（ A ）内不得再次申请资质认定。

A. 三年　B. 两年　C. 一年　D. 五年

280. 申报防雷装置甲级检测资质的单位，要求其技术负责人从事防雷装置检测工作（ C ）以上。

A. 二年　B. 三年　C. 四年　D. 五年

281. 申报防雷装置乙级检测资质的单位，要求其技术负责人从事防雷装置检测等工作（ A ）以上。

A. 二年　B. 三年　C. 四年　D. 五年

282. 申报防雷装置甲级检测资质的单位，要求近三年开展的防雷装置检测项目不少于（ B ）。

A. 一百个　B. 两百个　C. 三百个　D. 没有限制

283. 申报防雷装置甲级检测资质的单位，防雷装置检测项目通过省级气象主管机构组织的质量考核合格率达百分之（ B ）以上。

A. 八十　B. 九十　C. 九十五　D. 八十五

284. 无资质或者超越资质许可范围从事雷电防护装置检测的，由县级以上气象主管机构或者其他有关部门按照权限责令停止违法行为，处（ C ）罚款；有违法所得的，没收违法所得；给他人造成损失的，依法承担赔偿责任。

A. 1 万元以上 3 万元以下　B. 3 万元以上 10 万元以下

C. 5 万元以上 10 万元以下　D. 1 万元以上 5 万元以下

三、多选题

1. 爆炸危险生产场所直径大于或等于（ A ）及容积大于或等于（ B ）的装置防闪电静电感应接地点的间距不应大于（ C ），且接地点不少于两处。

A. 2.5 m　　B. 50 m^3　　C. 30 m　　D. 3 m　　E. 30 m^3

2. 爆炸危险储运场所距离建筑物（ A ）内的管道的接地点的间距不应大于（ B ），冲击接地电阻不应大于（ D ）。

A. 100 m　　B. 25 m　　C. 50 m　　D. 30 Ω　　E. 10 Ω

3. 下列哪些是爆炸和火灾危险生产场所（ AB ）。

A. 石油化工厂的工艺装置区　　B. 油漆车间

C. 输油站　　D. 炸药库

4. 下列哪些是爆炸和火灾危险储运场所（ CD ）。

A. 炼油厂的工艺装置区　　B. 石油化纤厂的原料储备区

C. 输油站　　D. 液化气储备库

5. 根据 GB 50343—2012《建筑物电子信息系统防雷技术规范》保护的电子信息系统必须采取哪些综合防护措施？（ CD ）

A. 防雷电波侵入　　B. 等电位连接　　C. 外部防雷措施　　D. 内部防雷措施

6. 综合防雷系统是用于减少闪击击于建筑物上或建筑物附近造成的物质性损害和人身伤亡，由（ AB ）组成。

A. 外部雷电防护系统　　B. 内部雷电防护系统

C. 接闪器　　D. 接地装置

7. 电涌保护器的作用有（ CD ）。

A. 残压保护　　B. 泄漏电流保护　　C. 过电流保护　　D. 过电压保护

8. 电压限制型浪涌保护器常见器件（ AC ）。

A. 压敏电阻　　B. 放电间隙　　C. 抑制二极管　　D. 气体放电管

E. 晶闸管和三端双向可控硅

9. 浪涌保护器Ⅰ级分类实验所需测试项目（ ACD ）。

A. 1.2/50 冲击电压　　B. 8/20 冲击电压

C. 标称放电电流 I_n　　D. 冲击电流 I_{imp}

E. 最大放电电流 I_{max}

10. 地区雷暴日等级宜划分为（ ABCD ）。

A. 少雷区　　B. 中雷区　　C. 多雷区　　D. 强雷区

11. 以下哪些是按防护装置拦截效率 E 的计算公式 $E=1-N_C/N$ 确定其雷电防护等级？（ ABCD ）

A. 当 $E>0.98$ 时　　B. 当 $0.90<E\leqslant 0.98$ 时

C. 当 $0.80<E\leqslant 0.90$ 时　　D. 当 $E\leqslant 0.80$ 时

12. 建筑物电子信息系统可根据（ ABD ）确定雷电防护等级。

A. 重要性　　B. 价值

C. 发生雷电事故的可能性　　D. 使用性质

13. 需要保护的电子信息系统必须采取哪些措施（ BC ）。

A. 直击雷防护措施　　B. 等电位连接措施

C. 接地保护措施　　D. 风险评估措施

14. 电子信息系统检测的检测内容包括（ ABCD ）。

A. 等电位连接系统　　B. 屏蔽系统

C. 合理布线系统　　D. 电涌保护器

15. 建筑物电子信息系统应根据需要保护的设备数量、类型、重要性、耐冲击电压额定值及所要求的电磁场环境等情况选择下列雷电电磁脉冲的防护措施（ ABCD ）。

A. 等电位连接和接地　　B. 电磁屏蔽

C. 合理布线　　D. 能量配合的浪涌保护器防护

16. 信息系统的金属部件与建筑物的共用接地系统的等电位连接有（ ABC ）方法。

A. S 型（星型）　　B. M 型（网格型）　　C. 组合型　　D. 复合型

17. 计算机网络的（ ABCD ）等均应与局部等电位网络连接。

A. 安全保护接地　　B. 屏蔽接地　　C. 信号工作地　　D. 防静电接地

18. 电子信息系统的接地类型有（ ABCD ）。

A. 防雷接地　　B. 交流工作接地　　C. 直流工作接地　　D. 安全保护接地

19. 机房设备接地线不应从（ ABC ）直接引入。

A. 接闪带　　B. 铁塔　　C. 防雷引下线　　D. 等电位接地排

20. 为减小雷电电磁脉冲在电子信息系统内产生的浪涌，宜采用（ ABCDE ）措施，这些措施应综合使用。

A. 建筑物屏蔽　　B. 机房屏蔽　　C. 设备屏蔽　　D. 线缆屏蔽

E. 线缆合理布设

21. 电子信息系统户外的交流供电线路、视频信号线路、控制信号线路的屏蔽应（ ABC ）。

A. 金属屏蔽层穿钢管埋地敷设　　B. 屏蔽层及钢管两端应接地

C. 信号线路与供电线路分开敷设　　D. 信号线路与供电线路可一起敷设

22. 电子信息系统浪涌保护器设置级数应综合考虑（ ABD ）等因素。

A. 保护距离　　B. 连接导线长度　　C. 造价　　D. U_W

23. 在进行信号线路浪涌保护器的选择时，需要注意哪些方面？（ ABCD ）

A. 电压匹配问题　　B. 速率匹配问题　　C. 插入损耗　　D. 接口类型

24. 电子信息系统信号线路浪涌保护器应根据线路的（ ABCD ）选择适配的浪涌保护器。

A. 工作频率　　B. 传输速率　　C. 工作电压　　D. 接口形式

25. 电子信息系统信号线路浪涌保护器应选择（ AC ）适配的浪涌保护器。

A. 插入损耗小　　B. 插入损耗大　　C. 分布电容小　　D. 分布电容大

26. 移动通信基站的地网由（ ACD ）互相连接组成。

A. 机房地网　B. 防静电地网　C. 铁塔地网　D. 变压器地网

27. 等电位连接带表面应无(ABC)现象。

A. 毛刺　B. 明显伤痕　C. 残余焊渣　D. 平整

28. 按风险管理要求进行的雷击风险评估中雷击引起的损失类型 L 应分为(BCDE)。

A. 电气、电子系统损失　B. 人身伤亡损失

C. 公共服务损失　D. 文化遗产损失

E. 经济损失

29. 根据雷击点的不同位置,雷击致损原因应分为(ABCD)。

A. 雷击建筑物　B. 雷击建筑物附近

C. 雷击服务设施　D. 雷击服务设施附近

30. 直流工作接地是指电子信息设备(AB),又称功能性接地。

A. 信号接地　B. 逻辑接地　C. 屏蔽接地　D. 防静电接地

E. 电气和电子设备金属外壳接地

31. GB/T 21431—2015 适用于建筑物防雷装置的检测。以下情况哪些不属于本标准的范围?(AB)

A. 铁路系统　B. 车辆、飞机及离岸装置　C. 与建筑物相连的管道

32. 下面哪些是用作 SPD 的过电流保护器(AB)。

A. 断路器　B. 熔断器　C. 退耦元件

33. 下面检测项目哪些是首次检测?(ABC)

A. 新建项目检测　B. 改建项目检测

C. 投入使用后建筑物防雷装置的第一次检测

34. 下列生产或加工哪些危险品的建筑物应为第一类防雷建筑物?(AC)

A. 黑火药压药　B. 黑火药单料粉碎　C. 引火线定型裁割

解析:GB/T 21431—2015《建筑物防雷装置检测技术规范》表 A. 2。

35. 下列生产或加工哪些危险品的建筑物应为第二类防雷建筑物?(BC)

A. 爆竹装药　B. 爆竹插引　C. 爆竹包装

解析:GB/T 21431—2015《建筑物防雷装置检测技术规范》表 A. 2。

36. 下列生产或加工哪些危险品的建筑物应为第二类防雷建筑物?(BC)

A. 线香类装药　B. 线香类干燥和散热　C. 线香类粘药和包装

37. 下列生产或加工哪些危险品的建筑物应为第一类防雷建筑物?(AB)

A. 摩擦类雷酸银药物配制　B. 摩擦类机械蘸药

C. 摩擦类包药砂

38. 下列生产或加工哪些危险品的建筑物应为第一类防雷建筑物?(AB)

A. 烟雾类装药　B. 烟雾类筑(压)药　C. 烟雾类包装

39. 下列生产或加工哪些危险品的建筑物应为第二类防雷建筑物?(BC)

A. 摩擦类分装　B. 烟雾类组装　C. 烟雾类装药

40. 下列生产或加工哪些危险品的建筑物应为第一类防雷建筑物?(AC)

A. 梯恩梯粉碎　B. 硝酸铵粉碎　C. 膨化硝铵炸药膨化

41. 下列生产或加工哪些危险品的建筑物应为第一类防雷建筑物?(BC)

A. 铵梯(油)类炸药干燥　B. 多空粒状铵油炸药包装
C. 膨化硝铵炸药装药

42. 下列生产或加工哪些危险品的建筑物应为第二类防雷建筑物？(BC)
A. 粒状黏性炸药混药　B. 粒状黏性炸药干燥
C. 水胶炸药筛选

43. 下列生产或加工哪些危险品的建筑物应为第一类防雷建筑物？(ABC)
A. 水胶炸药混药　B. 水胶炸药包装　C. 水胶炸药装药

44. 下列生产或加工哪些危险品的建筑物应为第一类防雷建筑物？(AC)
A. 水胶炸药凉药　B. 水胶炸药筛选　C. 铵梯(油)类炸药混药

45. 下列生产或加工哪些危险品的建筑物应为第一类防雷建筑物？(AC)
A. 浆状炸药凉药　B. 水胶炸药筛选　C. 浆状炸药混药

46. 下列生产或加工哪些危险品的建筑物应为第一类防雷建筑物？(ABC)
A. 乳化炸药粉状制粉　B. 乳化炸药粉状装药
C. 乳化炸药粉状包装

47. 下列生产或加工哪些危险品的建筑物应为第一类防雷建筑物？(AB)
A. 乳化炸药粉状乳化　B. 乳化炸药粉状乳胶基质冷却
C. 水胶炸药筛选

48. 下列生产或加工哪些危险品的建筑物应为第一类防雷建筑物？(AB)
A. 乳化炸药胶状贮存　B. 乳化炸药胶状敏化
C. 水胶炸药筛选

49. 下列生产或加工哪些危险品的建筑物应为第一类防雷建筑物？(ABC)
A. 黑梯药柱熔药　B. 黑梯药柱凉药　C. 黑梯药柱包装

50. 下列生产或加工哪些危险品的建筑物应为第一类防雷建筑物？(ABCD)
A. 太乳炸药制片　B. 太乳炸药干燥　C. 太乳炸药检验　D. 太乳炸药包装

51. 下列生产或加工哪些危险品的建筑物应为第一类防雷建筑物？(ABC)
A. 火雷管干燥　B. 火雷管烘干　C. 继爆管的装配

52. 下列生产或加工哪些危险品的建筑物应为第一类防雷建筑物？(AB)
A. 火雷管装药　B. 火雷管压药　C. 继爆管二硝基重氮酚废水处理

53. 下列生产或加工哪些危险品的建筑物应为第一类防雷建筑物？(ABC)
A. 雷管检验　B. 雷管包装　C. 雷管装箱

54. 下列生产或加工哪些危险品的建筑物应为第二类防雷建筑物？(ABCD)
A. 导火索制造　B. 导火索盘索　C. 导火索烘干　D. 导火索包装

55. 下列生产或加工哪些危险品的建筑物应为第一类防雷建筑物？(ABCD)
A. 导爆索包塑　B. 导爆索涂索　C. 导爆索烘索　D. 导爆索普检

56. 下列生产或加工哪些危险品的建筑物应为第一类防雷建筑物？(ABC)
A. 爆裂管切索　B. 爆裂管包装　C. 爆裂管炸药

57. 下列生产或加工哪些危险品的建筑物应为第一类防雷建筑物？(ABC)
A. 射孔弹筛选　B. 射孔弹烘干　C. 射孔弹压药

58. 下列生产或加工哪些危险品的建筑物应为第一类防雷建筑物？(ABC)

A. 穿孔弹包装　B. 穿孔弹试验室　C. 穿孔弹装配

59. 下列存放哪些危险品的仓库应为第一类防雷建筑物？(ABC)

A. 起爆药　B. 胶状乳化炸药　C. 延期药　D. 高氯酸钾

60. 下列存放哪些危险品的仓库应为第一类防雷建筑物？(ABCD)

A. 粉状乳化炸药　B. 粒状黏性炸药　C. 铵送蜡炸药　D. 膨化硝铵炸药

61. 下列存放哪些危险品的仓库应为第一类防雷建筑物？(BCD)

A. 硝酸铵　B. 苦味酸　C. 黑梯药柱　D. 浆状炸药

62. 下列存放哪些危险品的仓库应为第二类防雷建筑物？(ACD)

A. 硝酸钠　B. 苦味酸　C. 硝酸钾　D. 氯酸钾

63. 下列存放哪些危险品的仓库应为第一类防雷建筑物？(ABC)

A. 水胶炸药　B. 铵沥蜡炸药　C. 多孔粒状铵油炸药

64. 下面哪些是土壤电阻率的影响因子？(ABCD)

A. 土壤类型　B. 含水量　C. 含盐量　D. 温度

65. 检测前应提前告知受检单位须提供(AB)的工作条件。

A. 出入相关场所的便利条件　B. 受检单位安全生产工作要求

C. 联系人

66. 检测方案应包括的内容有：(ABCD)。

A. 检测范围及具体项目　B. 检测费用

C. 现场作业方案　D. 检测工作中的注意事项

67. 现场监督主要包括(ABC)。

A. 技术交底的记录　B. 仪器设备的使用

C. 现场操作的情况　D. 安全交底

68. 数据复测主要包括(ABD)。

A. 现场复测　B. 与原始数据比对

C. 查看检测方案　D. 分析误差原因

69. 项目复测主要包括(ABCD)。

A. 现场勘察　B. 确定检测项目并检测

C. 检测数据比对　D. 存在问题比对

70. 资料检查主要内容包括(ABCD)。

A. 原始记录填写的规范性　B. 原始记录及其他检测文件的完整性

C. 检测报告数据的准确性　D. 检测结论的准确性

71. 遇下列哪些天气时应停止检测？(ABCD)

A. 高温　B. 雨雪　C. 冰雹　D. 霜冻　E. 5 级风

72. 检测机构对检测人员进行现场安全检查主要包括的内容有(ABC)。

A. 安全交底的记录　B. 安全用具的使用

C. 现场安全作业的情况

73. 仪器设备的状态标识，合格标志(A)、准用标志(B)、停用标志(C)。

A. 绿色　B. 黄色　C. 红色　D. 黑

74. 自然接地体检测内容包括(ABCD)。

A. 基桩(深桩)钢筋与承台钢筋的连接是否符合要求
B. 承台钢筋的连接是否符合要求
C. 作为防雷引下线的柱子内钢筋与承台钢筋的连接是否符合要求
D. 基桩、承台和柱子之间的焊接是否符合要求
E. 水平人工接地体

75. 新建项目在施工阶段应分段检测,检测内容包括(ABCDEF)。
A. 预留接地装置 B. 均压环
C. 预留的电气设备等电位连接装置 D. 引下线柱筋的焊接情况
E. 金属门窗与均压环的焊接情况 F. 金属框架与均压环的焊接情况

76. 涉电场所检测时出现哪些情况应当停止相应操作?(ABCDE)
A. 自身安全防护条件不具备 B. 尚未确定被测对象是否带电
C. SPD 前端过流保护器因工作需要不能断开
D. 不熟悉所用测试仪器操作方法
E. 其他应当停止操作的事项

77. 根据 GB 50601—2010《建筑物防雷工程施工与质量验收规范》,防雷工程施工现场质量管理标准是(ABCD)。
A. 有相应的施工技术标准 B. 有健全的质量管理体系
C. 有施工质量检验制度 D. 有综合施工质量水平判断评定考核制度

78. 第一类防雷建筑物架空接闪网的网格尺寸不应大于(AB)。
A. 5 m×5 m B. 6 m×4 m C. 10 m×10 m D. 12 m×8 m

79. 第二类防雷建筑物屋面接闪网的网格尺寸不应大于(CD)。
A. 5 m×5 m B. 6 m×4 m C. 10 m×10 m D. 12 m×8 m

80. 第三类防雷建筑物屋面接闪网的网格尺寸不应大于(AB)。
A. 20 m×20 m B. 24 m×16 m C. 25 m×25 m D. 20 m×18 m

81. 接闪杆的接闪端宜做成半球状,其最小弯曲半径宜为(A),最大宜为(D)。
A. 4.8 mm B. 5 mm C. 12.5 mm D. 12.7 mm

82. 当独立烟囱上采用热镀锌接闪环时,其圆钢直径不应小于(C);扁钢截面不应小于(F),其厚度不应小于(A)。
A. 4 mm B. 5 mm C. 12 mm D. 10 mm
E. 80 mm^2 F. 100 mm^2

83. 当独立烟囱上的引下线采用圆钢时,其直径不应小于(C);采用扁钢时,其截面不应小于(F),厚度不应小于(A)。
A. 4 mm B. 5 mm C. 12 mm D. 10 mm
E. 80 mm^2 F. 100 mm^2

84. 建筑外观要求较高时专设引下线可暗敷,但其圆钢直径不应小于(B),扁钢截面不应小于(E)。
A. 4 mm B. 10 mm C. 12 mm D. 10 mm
E. 80 mm^2 F. 100 mm^2

85. 在易受机械损伤之处,地面上(D)至地面下(A)的一段接地线,应采用暗敷或采用镀锌

角钢、改性塑料管或橡胶管等加以保护。

A. 0.3 m　　B. 0.5 m　　C. 1.3 m　　D. 1.7 m

86. 人工接地体在土壤中的埋设深度不应小于（ B ），并宜敷设在当地冻土层以下，其距墙或基础不宜小于（ C ）。

A. 0.3 m　　B. 0.5 m　　C. 1 m　　D. 1.7 m

87. 与引下线连接的基础接地体，当其钢筋从与引下线的连接点量起大于（ C ）时，其冲击接地电阻应为以换算系数等于（ B ）和以该连接点为圆心、（ C ）为半径的半球体范围内的钢筋体的工频接地电阻。

A. 10 m　　B. 1 m　　C. 20 m　　D. 2 m

88. 第一类防雷建筑物下列防雷措施正确的是（ ACD ）。

A. 接闪网网格尺寸（6 m×4 m）

B. 独立接闪杆的接地装置与进出被保护建筑物的管道连接

C. 钢筋混凝土屋面内的钢筋每隔 20 m 用引下线接地一次

D. 每根引下线的冲击接地电阻为 5 Ω

89. 外部防雷装置由（ BCD ）构成。

A. 浪涌保护器　　B. 接闪器　　C. 引下线　　D. 接地装置

90. 接地线是从（ ABD ）至接地体的连接导体。

A. 引下线断接卡或换线处　　B. 接地端子

C. 接闪器　　D. 等电位连接带

91. 直击雷是闪击直接击于建筑物、其他物体、大地或外部防雷装置上，产生（ ABC ）。

A. 电效应　　B. 热效应　　C. 机械力　　D. 电磁脉冲

92. 闪电感应是闪电放电时，在附近导体上产生的（ AC ），它可能使金属部件之间产生火花放电。

A. 雷电静电感应　　B. 雷电脉冲　　C. 雷电电磁感应　　D. 雷电流

93. 闪电电涌侵入是由于雷电对（ ABC ）的作用，雷电波，即闪电电涌，可能沿着这些管线侵入屋内，危及人身安全或损坏设备。

A. 架空线路　　B. 电缆线路　　C. 金属管道　　D. 综合布线

94. 雷击电磁脉冲是指雷电流经电阻、电感、电容耦合产生的电磁效应，包含（ AC ）。

A. 闪电电涌　　B. 静电场　　C. 辐射电磁场　　D. 过电流

95. 电气系统中Ⅰ级试验的电涌保护器要用（ ABD ）做试验。

A. 标称放电电流 I_n　　B. 1.2/50 μs 冲击电压

C. 8/20 μs 电流波最大放电电流 I_{max}　　D. 最大冲击电流 I_{imp}

96. 以下属于第一类防雷建筑物的有（ AD ）。

A. 具有 0 区或 20 区爆炸危险环境的建筑物

B. 国家级重点文物保护建筑物

C. 具有 2 区或 22 区爆炸危险环境的建筑物

D. 炸药仓库

97. 下列属于第二类防雷建筑的有（ ABD ）。

A. 人民大会堂

B. 有爆炸危险的露天钢质封闭气罐

C. 具有 0 区或 20 区爆炸危险场所的建筑物

D. 预计年雷击次数大于 0.05 次/a 的部、省级办公建筑物和其他人员密集的公共建筑物

98. 下列属于第三类防雷建筑的有（ AB ）。

A. 省级重点文物保护的建筑物　　B. 省级档案馆　　C. 国家级计算中心

99. 第一类防雷建筑物当建筑物高度高于 30 m 时，应采取防侧击雷措施，以下做法正确的是（ ABCD ）。

A. 从 30 m 起每隔不大于 6 m 沿建筑物四周设水平接闪带并与引下线相连

B. 30 m 及以上外墙的栏杆应与防雷装置相连

C. 30 m 及以上外墙的门窗应与防雷装置相连

D. 30 m 及以上外墙的较大金属物应与防雷装置相连

100. 以下属于第二类防雷建筑物的防雷措施的是（ AB ）。

A. 引下线间距不应大于 18 m

B. 屋面接闪网的尺寸不大于 10 m×10 m 或 12 m×8 m 的网格

C. 电源引入的总配电箱须安装过电压保护器

101. 在独立接闪针、架空接闪线(网)的支柱上，严禁悬挂（ ABCD ）等。

A. 电话线　　B. 广播线　　C. 电视接收天线　　D. 低压架空线

102. 接闪杆采用热镀锌圆钢或钢管制成时，下列（ ABC ）材料尺寸符合要求。

A. 接闪杆长 1～2 m 时，圆钢直径不应小于 16 mm

B. 接闪杆长 1～2 m 时，钢管直径不应小于 25 mm

C. 独立烟囱顶上的杆，圆钢不应小于 20 mm

D. 接闪杆长 1 m 以下时，圆钢直径可以为 26 mm

103. 引下线的布置一般采用（ AD ）或利用建筑物内主钢筋或其他金属构件敷设。

A. 明敷　　B. 贴墙敷　　D. 暗敷

104. 防直击雷的专设引下线距建筑物（ AB ）不应小于 3 m。

A. 出入口　　B. 人行道　　C. 外墙　　D. 金属管道

105. 为了防止雷击电磁脉冲，主要采取的措施有（ BCD ）。

A. 接闪　　B. 屏蔽　　C. 接地　　D. 等电位连接

106. 闪电中可能出现的三种雷击是（ ABD ）。

A. 短时首次雷击　　B. 长时间雷击

C. 向上闪击(上行雷)　　D. 首次以后的短时后续雷击

107. 根据《中华人民共和国气象法》规定，以下说法正确的是哪几项？（ AB ）

A. 各级气象主管机构应当加强对雷电灾害防御工作的组织管理

B. 各级气象主管机构应当会同有关部门指导对可能遭受雷击的建筑物、构筑物和其他设施安装的雷电灾害防护装置的检测工作

C. 安装的雷电灾害防护装置应当符合省级气象主管机构规定的使用要求

D. 安装的雷电灾害防护装置应当符合省级地方标准

108. 根据《中华人民共和国气象法》规定，安装不符合使用要求的雷电灾害防护装置的，有关气象主管机构按照权限可作出哪些处理措施？（ ABC ）

A. 责令改正　　B. 给予警告

C. 处五万元以下罚款　　D. 吊销资质证

109. 根据《中华人民共和国安全生产法》规定，安全生产工作应当以人为本，坚持人民至上、生命至上，把保护人民生命安全摆在首位，树牢安全发展理念，坚持（ ACD ）的方针，从源头上防范化解重大安全风险。

A. 安全第一　　B. 管控结合　　C. 综合治理　　D. 预防为主

110. 根据《中华人民共和国安全生产法》规定，生产经营单位新建、改建、扩建工程项目（以下统称建设项目）的安全设施，必须与主体工程（ BCD ）。

A. 分期设计　　B. 同时施工

C. 同时投入生产和使用　　D. 同时设计

111. 根据《中华人民共和国安全生产法》规定，以下属于危险物品的是（ ABC ）。

A. 易燃易爆物品　　B. 危险化学品

C. 放射性物品　　D. 普通医疗废弃物品

112. 根据《气象灾害防御条例》规定，以下说法正确的是（ BCD ）。

A. 新建、改建、扩建建设工程雷电防护装置的设计、施工，只能由取得雷电防护装置设计和施工资质的单位承担

B. 新建、改建、扩建建设工程雷电防护装置的设计、施工，可以由取得相应建设、公路、水路、铁路、民航、水利、电力、核电、通信等专业工程设计、施工资质的单位承担

C. 雷电易发区内的矿区、旅游景点或者投入使用的建（构）筑物、设施等需要单独安装雷电防护装置的场所，其雷电防护装置的设计审核和竣工验收由县级以上地方气象主管机构负责

D. 房屋建筑、市政基础设施、公路、水路、铁路、民航、水利、电力、核电、通信等建设工程的主管部门，负责相应领域内建设工程的防雷管理

113. 根据《防雷减灾管理办法》规定，为确保公共安全，下列哪些项目需要进行雷电灾害风险评估？（ ABCD ）

A. 大型建设工程　　B. 重点工程

C. 爆炸和火灾危险环境　　D. 人员密聚集场所

114. 根据《防雷减灾管理办法》规定，以下说法错误的是（ BD ）。

A. 防雷工程，是指通过勘察设计和安装防雷装置形成的雷电灾害防御工程实体

B. 防雷装置的设计实行备案制度

C. 在施工中变更和修改防雷装置设计方案的，应当按照原申请程序重新申请审核

D. 防雷装置检测机构的资质由市（地）级气象主管机构负责认定

115. 根据法律法规规定，气象主管机构负责下列哪些场所、项目的防雷装置设计审核和竣工验收？（ ABC ）

A. 油库、气库、弹药库、化学品仓库、烟花爆竹、石化等易燃易爆建设工程和场所

B. 雷电易发区内的矿区、旅游景点或者投入使用的建（构）筑物、设施等需要单独安装雷电防护装置的场所

C. 雷电风险高且没有防雷标准规范、需要进行特殊论证的大型项目

D. 普通市政设施建筑物

116. 对防雷装置设计审核的申请，气象主管机构主要审核以下哪些内容？（ AB ）

A. 申请材料的合法性

B. 设计技术评价报告

C. 申请材料的合理性

D. 防雷装置设计文件是否符合当地气象主管机构规定的使用要求

117. 县级以上地方气象主管机构履行防雷安全监督检查职责时，有权采取的措施是（ ABD ）。

A. 要求被检查的单位或者个人提供雷电防护装置设计图纸等文件和资料，进行查询或者复制

B. 要求被检查的单位或者个人就有关建筑物防雷装置的设计、安装、检测、验收和投入使用的情况作出说明

C. 要求对方购买相关技术服务

D. 进入有关建筑物进行检查

118. 违反《雷电防护装置设计审核和竣工验收规定》，有下列哪些行为之一的，由县级以上气象主管机构按照权限责令改正，给予警告，可以处 5 万元以上 10 万元以下罚款？（ CD ）

A. 涂改、伪造防雷装置设计审核和竣工验收有关材料或者文件的

B. 向监督检查机构隐瞒有关情况、提供虚假材料或者拒绝提供反映其活动情况的真实材料的

C. 防雷装置设计未经有关气象主管机构核准，擅自施工的

D. 防雷装置竣工未经有关气象主管机构验收合格，擅自投入使用的

119. 防雷装置检测资质等级分为（ CD ）。

A. A 级　　B. B 级　　C. 甲级　　D. 乙级

120. 防雷装置检测单位有下列哪些情形之一的，县级以上气象主管机构视情节轻重，责令限期整改？（ ABCD ）

A. 防雷装置检测标准适用错误的

B. 防雷装置检测方法不正确的

C. 防雷装置检测内容不全面、达不到相关技术要求或不足以支持防雷装置检测结论的

D. 防雷装置检测结论不明确、不全面或错误的

121. 根据《雷电防护装置检测资质管理办法》规定，申请防雷装置检测资质的单位应当具有防雷装置检测质量管理体系，并有健全的（ ABC ）制度。

A. 技术　　B. 档案　　C. 安全管理　　D. 质量保证

122. 申请防雷装置检测甲级资质的单位应当符合的条件是（ ABCD ）。

A. 近三年内开展的防雷装置检测项目不少于二百个

B. 未因检测质量问题引发事故

C. 通过省级气象主管机构组织的质量考核合格率达百分之九十以上

D. 取得乙级资质三年以上

123. 申请防雷装置检测资质的单位应当具有与所申请资质等级相适应的（ AC ）。

A. 防雷装置检测能力　　B. 营销能力

C. 良好信誉　　D. 业务拓展能力

124. 申请单位如具有以下哪些情形之一，将不具备申请防雷装置检测甲级资质的条件？

（ ABCD ）

A. 未取得乙级资质　　B. 人员均未在本单位购买社会保险

C. 相关设备未按时校验　　D. 因检测质量问题引起事故

125. 防雷检测资格单位申报资质延续时，原认定机构根据防雷检测资质单位年度报告、信用档案及资质申请条件，在有效期满前作出（ ABD ）决定。

A. 准予延续　　B. 降低等级　　C. 升级　　D. 注销

126. 防雷装置检测单位应当从取得资质证后次年起，在每年的第二季度向资质认定机构报送年度报告。年度报告包括（ ABCD ）。

A. 持续符合资质认定条件和要求情况　　B. 执行技术标准和规范情况

C. 检测项目表以及统计数据　　D. 分支机构设立和经营情况

127. 取得防雷装置检测资质的单位达不到防雷装置检测资质条件的，由原资质认定的气象主管机构责令限期整改，整改后仍达不到资质条件的，可予以（ CD ）处理。

A. 冻结资质　　B. 重新核定　　C. 降低等级　　D. 撤销资质

128. 根据《雷电防护装置检测资质管理办法》规定，以下说法错误的是（ AC ）。

A. 国家工作人员在防雷装置检测资质认定和管理工作中玩忽职守、滥用职权、徇私舞弊的依法给予党纪处分

B. 取得防雷装置检测资质的单位在资质证有效期到期后，未提出延续申请的，资质证到期自动失效

C. 取得防雷装置检测资质的单位跨省、自治区、直辖市变更注册地的，由原注册所在地的省、自治区、直辖市气象主管机构核定资质

D. 省、自治区、直辖市气象主管机构应当自受理行政许可申请之日起二十个工作日内作出认定，专家评审所需时间不计入许可审查时限

129. 公民、法人或者其他组织对气象主管机构作出的下列哪些行政行为不服的，可以申请行政复议？（ ABCD ）

A. 对气象主管机构作出的警告行政处罚决定

B. 对气象主管机构作出的不予防雷装置检测资质认定行政许可的决定

C. 对气象主管机构作出的吊销防雷装置检测资质证行政处罚决定

D. 对气象部门在法定时间内没有依法办理防雷装置设计审核申请

130. 防雷装置检测资质申请单位在申请认定检测资质行政许可过程中，依法享有以下哪些权利？（ ABCD ）

A. 陈述权、申辩权　　B. 申请行政复议权

C. 向人民法院提起行政诉讼权　　D. 合法权益受到损害时，要求赔偿权

131. 根据《气象行政许可实施办法》，有下列哪些情形之一的，气象主管机构应当办理注销防雷装置检测单位资质行政许可手续？（ ABCD ）

A. 防雷装置检测单位资质证有效期满未延续的

B. 检测资质单位法人依法终止的

C. 检测资质证依法被吊销的

D. 检测资质证依法被撤销、撤回的

132. 根据相关法规规章规定,以下哪些说法是正确的?(BC)

A. 在上海市取得防雷装置检测资质的公司,只能在上海市从事防雷装置检测活动

B. 雷电防护装置检测单位不得与其检测项目的设计、施工、监理单位以及所使用的防雷产品生产、销售单位有隶属关系或者其他利害关系

C. 取得防雷装置检测资质的单位合并的,合并后存续或者新设立的单位可以承继合并前各方中较高等级的资质,但应当符合相应的资质条件

D. 电力、通信防雷装置检测资质管理适用《雷电防护装置检测资质管理办法》

四、不定项选择题

1.《中华人民共和国气象法》于(C)开始正式实施。

A. 1999 年 10 月 31 日　B. 1999 年 5 月 18 日　C. 2000 年 1 月 1 日　D. 2000 年 3 月 1 日

2. 安装的雷电灾害防护装置应当符合(B)规定的使用要求。

A. 省级气象主管机构　B. 国务院气象主管机构

C. 中国气象学会　D. 中国防雷研究会

3. 防雷减灾是指防御和减轻雷电影响的活动,包括对雷电灾害的(ABCD)。

A. 研究　B. 监测　C. 预警

D. 防护　E. 工程设计

4. 防雷工程设计应当根据(ABDEF)等条件,结合雷电防护对象的防护范围和目的,严格按照国家、行业和有关规定的防雷技术规范进行设计。

A. 当地雷电活动的规律　B. 地理

C. 地质　D. 气候　E. 土壤　F. 环境

5.《防雷减灾管理办法》对(B)个方面作了规定。

A. 四　B. 五　C. 六　D. 七

6. 防雷装置检测单位在检测过程中,(C)。

A. 执行自己的规定　B. 执行本部门技术规定　C. 必须执行国家有关标准和规范

7. 遭受雷击灾害的单位和个人,(C)。

A. 不必向有关部门报告　B. 执行本部门技术规定

C. 应当及时向当地气象机构报告　D. 自行处理

8. 防雷产品的使用,应当接受(D)的监督检查。

A. 部门经理　B. 技术负责人

C. 公司经理　D. 省、自治区、直辖市气象主管机构

9. 甲级资质单位的高级技术职称人员,不应少于(B)。

A. 一名　B. 二名　C. 四名　D. 五名

10. 乙级资质单位的企业注册资金,不应少于(D)。

A. 10 万元　B. 30 万元　C. 50 万元　D. 80 万元

11.《防雷装置设计审核和竣工验收规定》自(B)起正式施行。

A. 2001 年 6 月 22 日　B. 2005 年 4 月 1 日　C. 2002 年 8 月 1 日　D. 2002 年 7 月 1 日

12.《防雷装置设计审核和竣工验收规定》第四条规定:下列建(构)筑物设施的防雷装置应当经过设计审核和竣工验收的有:(ABCD)。

A.《建筑物防雷设计规范》规定的一、二、三类防雷建(构)筑物

B. 油库、气库、加油加气站、液化天然气、油(气)管道站场、阀室等爆炸危险环境设施

C. 邮电通信、交通运输、广播电视、医疗卫生、金融证券、文化教育、文物保护单位和其他不可移动文物等

D. 体育、旅游、游乐场所以及信息系统等社会公共服务设施

13. 报审信息系统防雷工程设计方案时应提供(ACD)。

A. 设计资质　　B. 施工资质

C. 防雷装置施工图　　D. 防雷产品相关资料

14. 第二类防雷建筑物引下线不应少于(C)根,其间距不应大于(C)m。

A. 2、12　　B. 1、12　　C. 2、18

15. 等电位连接的目的是(B)。

A. 减少需要防雷的空间内各设备和地之间的电位差

B. 减少需要防雷的空间内各金属部件和系统之间的电位差

C. 减少需要防雷的空间内各通信线路和设备之间的电位差

16. 由压敏电阻元件组成的电源浪涌保护器属于(B)浪涌保护器。

A. 开关型　　B. 限压型　　C. 复合型

17. 接地装置的作用是把雷电流从接闪器尽快散逸到大地,以避免高电位反击和跨步电压危险。因此对接地装置的要求是(B)。

A. 足够小的接地电阻　　B. 接地体的形式和长度

C. 良好的散流能力　　D. 形成环行接地网

18. 在一般情况下,当在线路上多处安装 SPD 时,电压开关型 SPD 与限压型 SPD 之间的线路长度不小于 10 m,限压型 SPD 之间的线路长度不小于(B)。

A. 10 m　　B. 5 m　　C. 20 m　　D. 8 m

19. 人工垂直接地体的长度宜为 2.5 m,其间距宜为(A)。

A. 5 m　　B. 3 m　　C. 2.5 m　　D. 1.5 m

20. 当第一类防雷建筑物附近的树木高于建筑物且不在接闪器保护范围之内时,树木与建筑物之间的净距离不应小于(C)m。

A. 3　　B. 10　　C. 5　　D. 8

21. 遇有下列情况之一,应划为第三类防雷建筑物的有(CD)。

A. 预计雷击次数大于或等于 0.06 次/a 的一般性工业建筑物

B. 具有 2 区或 11 区爆炸危险环境的建筑物

C. 在平均雷暴日小于或等于 15 d/a 的地区,高度在 20 m 及以上的烟囱、水塔等孤立的高耸建筑物

D. 内部设有信息系统需防 LEMP 的建筑物

22. 为减少电磁干扰的感应效应,应采取的基本屏蔽措施是(AD)。

A. 建筑物或房间的外部设屏蔽措施　　B. 设备屏蔽

C. 静电屏蔽　　D. 以合适的路径敷设线路,线路屏蔽

23. 与第一类防雷建筑物有关的架空金属管道,在 100 m 内应每隔(A)m 接地一次,冲击接地电阻不应大于(A)Ω。

A. 25,20　　B. 25,10　　C. 40,20　　D. 40,10

24. 架空接闪线和接闪网宜采用截面积不小于(C)mm^2 的镀锌钢铰线。

A. 20　　B. 50　　C. 35　　D. 15

25. 当第一类防雷建筑物所具有的长金属物的弯头、阀门、法兰盘等连接处的过渡电阻大于(B)时，连接处应用金属线跨接。

A. 0.05 Ω　　B. 0.03 Ω　　C. 0.1 Ω　　D. 0.3 Ω

26. 防直击雷的人工接地体距建筑物出入口或人行道不应小于(A)。

A. 3 m　　B. 4 m　　C. 5 m

27. 人工接地体在土壤中的埋设深度不应小于(A)。

A. 0.5 m　　B. 0.8 m　　C. 1.0 m

28. 建筑物的接闪器成闭合环形的多根引下线时的分流系数为(B)。

A. 0.66　　B. 0.44　　C. $1/n$(n 为引下线根数)

29. 第二类防雷建筑物装设在建筑物上的接闪带(网)应不大于(B)。

A. 20 m×20 m　　B. 10 m×10 m　　C. 5 m×5 m

30. 各类防雷建筑物等电位连接带与接地装置之间的连接导体，材料为铜材时，最小截面积应为(A)。

A. 16 mm^2　　B. 25 mm^2　　C. 35 mm^2

31. 第三类防雷建筑物首次雷击的雷电流幅值(kA)为(A)。

A. 100　　B. 50　　C. 25

32. 第二类防雷建筑物引下线间距不应大于(B)。

A. 12 m　　B. 18 m　　C. 25 m

33. 计算机场地通讯附设的保护范围一般按(C)计算。

A. 一类　　B. 二类　　C. 三类　　D. 不做要求

34. 一高层建筑在年检时发现新增许多太阳能热水器，对这些热水器(D)。

A. 规范无明确规定，可不做防雷处理

B. 应加装电源浪涌保护器

C. 应予以拆除

D. 与屋顶其他防雷设施配合，统筹接地和防护

35. 等电位连接带之间和等电位连接带与接地装置之间的连接导体，流过大于或等于 25% 总雷电流的等电位连接导体，则采用(A)mm^2 的铜线；内部金属装置与等电位连接带之间的连接导体，流过小于 25% 总雷电流的等电位连接导体，则采用(D)mm^2 的铜线。

A. 16　　B. 25　　C. 50

D. 6　　E. 10　　F. 20

36. 环行接地体和内部环行导体应连接到钢筋或金属立面等其他屏蔽构件上，宜每隔(C)m 连接一次。

A. 3　　B. 10　　C. 5　　D. 8

37. 对低电压电涌保护器的使用，当电源采用 TN 系统时，从建筑物内总配电盘(箱)开始引出配电线路和分支线路必须采用(E)系统。

A. TT　　B. IT　　C. TN-C

D. TN-C-S　　E. TN-S

38. 第二类防雷建筑物每根防雷引下线的冲击接地电阻不应大于(A)欧姆。

A. 10　　B. 20　　C. 30　　D. 40

39. 用滚球法确定装置的保护范围，需要了解(ACD)数据。

A. 建筑物的防雷类别　　B. 防雷装置的高度

C. 被保护物的高度　　D. 被保护物至防雷装置的水平距离

40. 接闪器可采用下列材料制成(BCD)。(多项选择)

A. 避雷针长 1～2 m 时，圆钢直径为 12 mm，钢管直径为 20 mm

B. 接闪带(网)用圆钢直径不小于 8 mm，扁钢截面不小于 48 mm^2，厚度不小于 4 mm

C. 架空接闪线用截面不小于 35 mm^2 的镀锌钢绞线

D. 钢管壁厚不小于 2.5 mm，但钢管、钢罐一旦被雷击穿，其介质对周围环境造成危险时，其壁厚不得小于 4 mm

41. 线路穿钢管和两端接地的目的在于起到(A)作用。

A. 屏蔽　　B. 散流　　C. 集肤效应　　D. 跨接

42. 埋设人工接地在土壤中的深度不小于 0.5 m。主要考虑(AB)因素。

A. 湿度　　B. 温度　　C. 防腐蚀　　D. 增加接触

43. 计算机信息系统设备所在场地建筑物对直击雷的防护应符合(C)。

A. 计算机信息系统雷电电磁脉冲安全防护规范

B. 电子计算机机房设计规范

C. 建筑物防雷设计规范

D. 计算站场地安全要求

44. 第一类防雷建筑物应将(A)m 及以上外墙上的栏杆、门窗等较大的金属物与防雷装置连接。

A. 30　　B. 15　　C. 45

45. 当长金属物的弯头、阀门、法兰盘等连接处的过渡电阻大于 0.03 Ω 时，连接处应用金属跨接，对有不少于(B)根螺栓连接的法兰盘，在非腐蚀环境下可不跨接。

A. 4　　B. 5　　C. 6

46. 第三类防雷建筑物中，属于平屋面的建筑物，当其宽度不大于(A)m 时，可仅沿周边敷设一圈接闪带防直击雷。

A. 20　　B. 18　　C. 25

47. 二类防雷建筑物防直击雷接地宜和防雷电感应、电气设备等接地共同用一接地装置，并宜与埋地金属管道相连；当不共同、不相连时，两者间在地中的距离应符合 $S_{e2} \geqslant 0.3\ k_c \cdot R_i$ 的要求，但不应小于(B)。

A. 3 m　　B. 2 m　　C. 4 m　　D. －4 m

48. 地网(ρ=100 Ω · m)现测得工频接地电阻为 10.0 Ω，问该接地装置的冲击接地电阻为(B)。

A. 5.0 Ω　　B. 10.0 Ω　　C. 15.0 Ω　　D. 20.0 Ω

49. 粮、棉及易燃物大量集中的露天堆场，宜采取防直击雷措施，当其预计年雷击次数大于或等于 0.06 时，宜采用独立接闪针或架空接闪线防直击雷，独立接闪针和架空接闪线保护范围的滚球半径 h_r 可取(D)。

A. 30 m　　B. 45 m　　C. 60 m　　D. 100 m

50. 平屋面坡度不大于 1/10 的屋面易受雷击的部位为(ADE)。

A. 檐角　　B. 屋角　　C. 屋脊

D. 屋檐　　E. 女儿墙

51. 建筑物防雷设计中确定接闪器的保护范围的方法是(B)。

A. 保护角法　　B. 滚球法　　C. 折线法　　D. 接闪网格法

52. 一座 15 层框架结构的建筑物，有 10 条引下线，底层和首三层的分流系数分别为(B)。

A. 0.1，0.11　　B. 0.1，0.2　　C. 0.11，0.1　　D. 0.2，0.1

53. 一环绕建筑物的环形接地体长 30 m，宽 10 m，土壤电阻率为 500 Ω · m，下面说法(A)为正确。

A. $R>R_i$　　B. $R=R_i$　　C. $R<R_i$　　D. 不一定

54. 对防止大气过电压(由间接的、远处的雷击引起的)和操作过电压的保护需安装电涌保护器。通常这种保护设备是通过(A)试验的；必要时靠装设通过Ⅲ级试验的电涌保护器(SPD)来提供。

A. Ⅱ级　　B. Ⅰ级　　C. Ⅲ级

55. 在 TT 系统或 TN 系统中，接于中性线和 PE 线之间的电涌保护器(SPD)动作后流过工频续流，电涌保护器(SPD)额定阻断续流电流值应大于或等于(B)。

A. 50 A　　B. 100 A　　C. 30 A　　D. 150 A

56. 当设有防雷装置时，符合Ⅰ级试验的电涌保护器(SPD)接地线的最小截面积应是不小于(D)mm^2 的铜线或与其等效。

A. 4　　B. 10　　C. 6　　D. 16

57. 安装在电气装置电源进线端或靠近进线端的电涌保护器(SPD)接地线的最小截面积应是不小于(B)mm^2 的铜线或与其等效。

A. 10　　B. 4　　C. 6　　D. 25

58. 电信和信号网络的电涌保护器 SPD 起到保护作用的系统标称电压最高为交流(B)V、直流(B)V。

A. 1000，1000　　B. 1000，1500　　C. 1500，1000　　D. 1500，1500

59. 低压配电系统的电涌保护器(SPD)正常使用条件之一是海拔不超过(C)m。

A. 1000　　B. 1500　　C. 2000　　D. 3000

60. 目前国内外常见的 SPD 可以分为(ABC)类型。

A. 电压开关型　　B. 电压限制型　　C. 复合型　　D. 混合型

61. 电信和信号网络电涌保护器 SPD 的传输特性试验包括对(ABCD)和纵向平衡试验及近端串扰的试验。

A. 插入损耗　　B. 回波损耗　　C. 误码率　　D. 电容

62. 环行导体应连接到钢筋或其他屏蔽构件上，典型的连接间距为(A)m。铜或镀锌钢等电位连接带的最小截面积应为(A)mm^2。

A. 5，50　　B. 10，50　　C. 10，100　　D. 5，100

63. 信息系统的金属部件与建筑物的共用接地系统的等电位连接有(ABC)方法。

A. S 型(星型)　　B. M 型(网格型)　　C. 组合型　　D. 复合型

64. (A)等电位连接网络用于相对较小的、限定于局部的信息系统。

A. S 型(星型)　B. M 型(网格型)　C. 组合型　D. 复合型

65. (B)等电位连接结构,对于高频来说,也获得了相对低阻抗的信息网络系统。

A. S 型(星型)　B. M 型(网格型)　C. 组合型　D. 复合型

66. 在 $LPZ0_A$ 或 $LPZ0_B$ 区与 LPZ1 区交界处,在从室外引来的线路上安装的 SPD,应选用符合(A)分类试验的产品。

A. Ⅰ级　B. Ⅱ级　C. Ⅲ级　D. 常规

67. 为保护雷达免遭直击雷危害,雷达站采用的一段高强度玻璃钢管接闪针进行防护,其内使用截面积不小于(C)mm^2 多股铜线与金属支撑杆电气连接。

A. 25　B. 35　C. 50　D. 95

68. 雷达机房和控制室内的设备距外墙及梁柱的距离一般不应小于(D)mm,条件不容许时应对设备采取电磁屏蔽措施。

A. 50　B. 500　C. 1500　D. 1000

69. 在低压配电线路中,当变电所与雷达站合一时,必须采用(B)系统;当分设两处时,宜采用(C)系统。

A. TN　B. TN-S　C. TN-C-S　D. TT

70. 雷达天线伺服控制电缆的两端均应加装标称放电电流不小于(B)KA,响应时间不大于(B)ns 的 SPD。

A. 5,5　B. 10,5　C. 10,10　D. 5,10

71. 应利用雷达站建筑物的基础钢筋网作为自然接地体,该接地体的接地电阻值在当地土壤电阻率 ρ 分别为(ABCD)时,不宜大于(ABCD)。

A. $\rho \leqslant 100\ \Omega \cdot m$,1 Ω　B. $100 \leqslant \rho \leqslant 300\ \Omega \cdot m$,2 Ω

C. $300 \leqslant \rho \leqslant 1000\ \Omega \cdot m$,4 Ω　D. $\rho \geqslant 1000\ \Omega \cdot m$,适当放大

72. 利用气象信息系统所在建筑物的基础钢筋地网作为共用接地系统,接地体的冲击接地电阻不宜大于(C)Ω。

A. 1　B. 2　C. 4　D. 10

五、名词解释

1. 电子信息系统：由计算机、通信设备、处理设备、控制设备、电力电子装置及其相关的配套设备、设施（含网络）等的电子设备构成的，按照一定应用目的和规则对信息进行采集、加工、存储、传输、检索等处理的人机系统。

2. 综合防雷系统：外部和内部雷电防护系统的总称。外部防雷由接闪器、引下线和接地装置等组成，用于直击雷的防护。内部防雷由等电位连接、共用接地装置、屏蔽、合理布线、浪涌保护器等组成，用于减小和防止雷电流在需防护空间内所产生的电磁效应。

3. 共用接地系统：将防雷系统的接地装置、建筑物金属构件、低压配电保护线（PE）、等电位连接端子板或连接带、设备保护地、屏蔽体接地、防静电接地、功能性接地等连接在一起构成共用的接地系统。

4. 自然接地体：兼有接地功能、但不是为此目的而专门设置的与大地有良好接触的各种金属构件、金属井管、混凝土中的钢筋等的统称。

5. 接地端子：将保护导体、等电位连接导体和工作接地导体与接地装置连接的端子或接地排。

6. 总等电位接地端子板：将多个接地端子连接在一起并直接与接地装置连接金属板。

7. 楼层等电位接地端子板：建筑物内楼层设置的接地端子板，供局部等电位接地端子板作等电位连接用。

8. 局地等电位接地端子板（排）：电子信息系统机房内局部等电位连接网络接地的端子板。

9. 电压开关型浪涌保护器：这种浪涌保护器在无浪涌时呈现高阻抗，当出现电压浪涌时突变为低阻抗。通常采用放电间隙、气体放电管、晶闸管和三端双向可控硅元件作这类浪涌保护器的组件。

10. 电压限制型浪涌保护器：这种浪涌保护器在无浪涌时呈现高阻抗，但随浪涌电流和电压的增加其阻抗会不断减小，又称限压型浪涌保护器。用作这类非线性装置的常见器件有压敏电阻和抑制二极管。

11. 标称放电电流：流过浪涌保护器，具有 8/20 μs 波形的电流峰值，用于浪涌保护器的Ⅱ类试验以及Ⅰ类、Ⅱ类试验的预处理试验。

12. 最大放电电流：流过浪涌保护器，具有 8/20 μs 波形的电流峰值，其值按Ⅱ类动作负载试验的程序确定。I_{max}大于 I_n。

13. 冲击电流：由电流峰值 I_{peak}、电荷量 Q 和比能量 W/R 三个参数定义的电流，用于浪涌保护器的Ⅰ类试验，典型波形为 10/350 μs。

14. 最大持续工作电压：可连续施加在浪涌保护器上的最大交流电压有效值或直流电压。

15. 残压：放电电流流过浪涌保护器时，在其端子间的电压峰值。

16. 限制电压：施加规定波形和幅值的冲击时，在浪涌保护器接线端子间测得的最大电压峰值。

17. 电压保护水平：表征浪涌保护器限制接线端子间电压的性能参数，该值应大于限制电压的最高值。

18. 复合波：复合波由冲击发生器产生，开路时输出 1.2/50 μs 冲击电压，短路时输出 8/20 μs冲击电流。提供给浪涌保护器的电压、电流幅值及其波形由冲击发生器和受冲击作用的浪涌保护器的阻抗而定。开路电压峰值和短路电流峰值之比为 2 Ω，该比值定义为虚拟输出阻抗 Z_f，短路电流用符号 I_{sc}表示，开路电压用符号 U_{oc}表示。

19. 劣化：由于浪涌、使用或不利环境的影响造成浪涌保护器原始性能参数的变化。

20. 热熔焊：利用放热化学反应时快速产生超高热量，使两导体熔化成一体的连接方法。

21. 雷击损害风险：雷击导致的年平均可能损失（人和物）与受保护对象的总价值（人和物）之比。

22. 电磁屏蔽：用导电材料减少交变电磁场向指定区域穿透的屏蔽。

23. 雷电电磁脉冲：作为干扰源的雷电流及雷电电磁场产生的电磁场感应。

24. 防雷装置：用于对建筑物进行雷电防护的整套装置，由外部防雷装置和内部防雷装置组成。

25. 外部防雷装置：用于防护直击雷的防雷装置，由接闪器、引下线和接地装置组成。

26. 内部防雷装置：用于减小雷电流在所需防护空间内产生的电磁效应的防雷装置，由屏蔽导体、等电位连接件和电涌保护器等组成。

27. 接地体：埋入土壤或混凝土基础中作散流用的导体。

28. 接地线：从引下线断接卡或测试点至接地体的连接导体，或从接地端子、等电位连接带至接地体的连接导体。

29. 电涌保护器：用于限制瞬态过电压和分泄电涌电流的器件。至少含有一个非线性元件。

30. 后备过电流保护：位于电涌保护器外部的前端，作为电气装置的一部分的过电流保护装置。

31. 落地雷闪：云地间的大气放电，由一个或多个雷击组成。

32. 雷击：落地雷闪中的单次放电。

33. 雷击点：雷电击中大地或高耸物体（如建筑物、LPS、服务设施、树等）的点。

34. 雷电流：流经雷击点的电流。

35. 雷闪持续时间：雷电流流过雷击点的时间。

36. 击中建筑物附近的雷闪：击中被保护建筑物附近且可能对被保护建筑物产生危险过电压的雷闪。

37. 电气和电子系统的失效：由于雷电电磁脉冲（LEMP）导致电气和电子系统的永久性损害。

38. 雷电防护水平：与一组雷电流参数值有关的序数，该组参数值与在自然界发生雷电时最大和最小设计值不被超出的概率有关。

39. 防雷措施：为减小受保护对象雷电损害风险而采取的措施。

40. 防雷系统：用来减小雷击建筑物造成物理损害的整个系统。

41. 雷电防护:用于被保护建筑物防御雷电的整个系统,包括建筑物内部系统和物体、人员,一般由 LPS 和 SPM 组成。

42. 接闪器系统:外部 LPS 组成部分,用金属部件,如接闪针、接闪网或接闪线构成,用于接闪。

43. 引下线系统:外部 LPS 组成部分,用来把雷电流从接闪器系统引至接地体系统。

44. 接地体系统:外部 LPS 的组成部分,用于把雷电流引导并散入大地。

45. 外部导电部件:进出受保护建筑物的金属延伸部件,如管道、电缆金属部件、金属线槽等,它们可以流过部分雷电流。

46. 雷电等电位连接:为减少雷电流引起的电位差,直接用导体或通过浪涌保护器把分离的金属部件连接到 LPS 上的一种防雷措施。

47. 磁屏蔽:用于减少电气和电子系统的失效,包围受保护对象或其一部分的格栅或连续型的闭合金属屏蔽体。

48. 能量配合的 SPD 防护系统:为了减少电气和电子系统失效而适当选择、能量配合并装配起来的一组 SPD。

49. 额定冲击耐受电压:由厂家给设备或其部件指定的冲击耐受电压,用以表征其绝缘对过电压的规定耐受能力。

50. 协调配合的 SPD 系统:为了减少电气和电子系统的失效而适当选择、能量配合并装配起来组成系统的 SPD。

51. 雷电防护系统:用以减少某一建筑物因雷击引起物理损坏的整套系统。

52. 与受保护建筑物分离的外部 LPS:由接闪器和引下线组成的 LPS,其安装位置使雷电流通道与受保护建筑物没有任何接触。

53. 接闪器:外部 LPS 的一部分,用于截收雷击的金属构件,如杆状接闪器、网格导线或悬链线。

54. 引下线:外部 LPS 的一部分,将接闪器雷电流传导至接地装置

55. 环形导体:围绕建筑物四周形成一个回路的导体,与引下线相连,分散雷电流。

56. 接地装置:外部 LPS 的一部分,将雷电流传导和分散入地。

57. 接地极:接地装置的一部分,通过它与大地直接相连,并将雷电流分散入地。

58. 环形接地极:在建筑物四周的土壤下层或地表形成一个封闭回路的接地极。

59. 基础接地极:指地基的混凝土钢筋或预埋在建筑物混凝土中用作接地极的其他导体。

60. 接地装置电压:接地装置与远方大地间的电位差。

61. 等电位连接排:为了防雷装置做等电位连接,需要接地的金属装置、外部导电部件、电力线路、通信线路及其他电缆可与之连接。

62. 连接导体:用于将分离导电部件与 LPS 进行连接的导体。

63. 浪涌保护器:一种用来限制瞬时过电压和转移浪涌电流的器件,它至少包含一个非线性元件。

64. LPS 类型:根据设计中的雷电防护水平,用来标识 LPS 分类的数字。

65. 有爆炸危险的建筑物:储存固体爆炸性材料的建筑物或处于 IEC 60079-10 和 IEC 61241-10 中定义的危险区域的建筑物。

66. 浪涌:由 LEMP 引起的,以过电压和/或过电流形态出现的瞬态波。

67. 雷电防护区(LPZ):规定雷电电磁场环境的区域。

68. LEMP 防护措施系统(LPMS):内部系统用来防护 LEMP 的完整防护措施系统。

69. 用 I_{imp} 测试的 SPD:耐受典型波形 10/350 μs 的部分雷电流的 SPD,要求一个相应的冲击试验电流 I_{imp}。

70. 用 I_n 测试的 SPD:耐受典型波形 8/20 μs 的感应浪涌电流的 SPD,要求一个相应的冲击试验电流 I_n。

71. 用组合波测试的 SPD(LEMP):耐受典型波形 8/20 μs 的感应浪涌电流的 SPD,要求一个相应的冲击试验电流为 I_{sc}。

72. 电压开关型 SPD:无浪涌时呈高阻抗值,但一旦响应电压浪涌时,其阻抗突然变为低值的 SPD。

73. 限压型 SPD:无浪涌时呈高阻抗值,但随着浪涌电流和浪涌电压的增加,其阻抗会不断减小的 SPD。

74. 组合型 SPD:将电压开关型组件和限压型组件组装在一起的 SPD,根据外施电压的特性,SPD 显示出电压开关特性、限压特性或者同时具有电压开关特性和限压特性。

75. 协调配合的 SPD 防护:一组经过适当选择、配合和安装,用于减少电气和电子系统的 SPD。

六、简答题

1. 电子信息系统的防雷装置按防雷装置拦截效率如何确定雷电防护等级?

答:大于 0.98 时,定为 A 级;大于 0.90、小于或等于 0.98 时,定为 B 级;大于 0.80、小于或等于 0.90 时,定为 C 级;小于或等于 0.80 时,定为 D 级。

2. 新建工程的防雷设计应收集哪些相关资料?

答:建筑物所在地区的地形、地物状况、气象条件和地质条件;建筑物或建筑物群的长、宽、高度及位置分布,相邻建筑物的高度、接地等情况;建筑物内各楼层及楼顶需保护的电子信息系统设备的分布状况;配置于各楼层工作间或设备机房内需保护设备的类型、功能及性能参数;电子信息系统的网络结构;电源线路、信号线路进入建筑物的方式;供、配电情况及其配电系统接地方式等。

3. 扩、改建工程除了应具备新建工程的防雷设计资料外,还应收集哪些相关资料?

答:(1)防直击雷接闪装置的现状;(2)引下线的现状及其与电子信息系统设备接地引入线间的距离;(3)高层建筑物防侧击雷的措施;(4)电气竖井内线路敷设情况;(5)电子信息系统设备的安装情况及耐受冲击电压水平;(6)总等电位连接及各局部等电位连接状况,共用接地装置状况;(7)电子信息系统的功能性接地导体与等电位连接网络互连情况;(8)地下管线、隐蔽工程分布情况;(9)曾经遭受过的雷击灾害的记录等资料。

4. 电子信息系统设备机房的屏蔽应符合的规定是什么?

答:(1)建筑物的屏蔽宜利用建筑物的金属框架、混凝土中的钢筋、金属墙面、金属屋顶等自然金属部件与防雷装置连接构成格栅型大空间屏蔽;(2)当建筑物自然金属部件构成的大空间屏蔽不能满足机房内电子信息系统电磁环境要求时,应增加机房屏蔽措施;(3)电子信息系统设备主机房宜选择在建筑物低层中心部位,其设备应配置在 LPZ1 区之后的后续防雷区内,并与相应的雷电防护区屏蔽体及结构柱留有一定的安全距离;(4)屏蔽效果及安全距离可按 GB 50343—2012 附录规定的计算方法确定。

5. 信号线路浪涌保护器的选择应符合的规定是什么?

答:(1)电子信息系统信号线路浪涌保护器应根据线路的工作频率、传输速率、传输带宽、工作电压、接口形式和特性阻抗等参数,选择插入损耗小、分布电容小、并与纵向平衡、近端串扰指标适配的浪涌保护器。U_c应大于线路上最大工作电压的 1.2 倍,U_p应低于被保护设备的耐冲击电压额定值。(2)电子信息系统信号线路浪涌保护器宜设置在雷电防护区界面处。根据雷电过电压、过电流幅值和设备端口冲击电压额定值,可设单级浪涌保护器,也可设能量配合的多级浪涌保护器。

6. 通信接入网和电话交换系统的防雷与接地应符合的规定是什么?

答:(1)有线电话通信用户交换机设备金属芯信号线路,应根据总配线架所连接的中继线及用户线的接口形式选择适配的信号线路浪涌保护器;(2)浪涌保护器的接地端应与配线架接地端相连，配线架的接地线应采用截面积不小于 16 mm 的多股铜线接至等电位接地端子板上；(3)通信设备机柜、机房电源配电箱等的接地线应就近接至机房的局部等电位接地端子板上；(4)引入建筑物的室外铜缆宜穿钢管敷设，钢管两端应接地。

7. 信息网络系统的防雷与接地应符合的规定是什么？

答：(1)进、出建筑物的传输线路上，在 $LPZ0_A$ 或 $LPZ0_B$ 与 LPZ1 的边界处应设置适配的信号线路浪涌保护器。被保护设备的端口处宜设置适配的信号浪涌保护器。网络交换机、集线器、光电端机的配电箱内，应加装电源浪涌保护器。(2)入户处浪涌保护器的接地线应就近接至等电位接地端子板；设备处信号浪涌保护器的接地线宜采用截面积不小于 1.5 mm^2 的多股绝缘铜导线连接到机架或机房等电位连接网络上。计算机网络的安全保护接地、信号工作地、屏蔽接地、防静电接地和浪涌保护器的接地等均应与局部等电位连接网络连接。

8. 安全防范系统的防雷与接地应符合的规定是什么？

答：(1)置于户外摄像机的输出视频接口应设置视频信号线路浪涌保护器。摄像机控制信号线接口处应设置信号线路浪涌保护器。解码箱处供电线路应设置电源线路浪涌保护器。(2)主控机、分控机的信号控制线、通信线、各监控器的报警信号线，宜在线路进出建筑物 $LPZ0_A$ 或 $LPZ0_B$ 与 LPZ1 边界处设置适配的线路浪涌保护器。(3)系统视频、控制信号线路及供电线路的浪涌保护器，应分别根据视频信号线路、解码控制信号线路及摄像机供电线路的性能参数来选择，信号浪涌保护器应满足设备传输速率、带宽要求，并与被保护设备接口兼容。(4)系统的户外供电线路、视频信号线路、控制信号线路应有金属屏蔽层并穿钢管埋地敷设，屏蔽层及钢管两端应接地。视频信号线屏蔽层应单端接地，钢管应两端接地。信号线与供电线路应分开敷设。(5)系统的接地宜采用共用接地系统。主机房宜设置等电位连接网络，系统接地干线宜采用多股铜芯绝缘导线，其截面积应符合 GB 50343—2012 表 5.2.2-1 的规定。

9. 火灾自动报警及消防联动控制系统的防雷与接地应符合的规定是什么？

答：(1)火灾报警控制系统的报警主机、联动控制盘、火警广播、对讲通信等系统的信号传输线缆宜在线路进出建筑物 $LPZ0_A$ 或 $LPZ0_B$ 与 LPZ1 边界处设置适配的信号线路浪涌保护器。(2)消防控制中心与本地区或城市“119”报警指挥中心之间联网的进出线路端口应装设适配的信号线路浪涌保护器。(3)消防控制室内所有的机架(壳)、金属线槽、安全保护接地、浪涌保护器接地端均应就近接至等电位连接网络。(4)区域报警控制器的金属机架(壳)、金属线槽(或钢管)、电气竖井内的接地干线、接线箱的保护接地端等，应就近接至等电位接地端子板。(5)火灾自动报警及联动控制系统的接地应采用共用接地系统。接地干线应采用铜芯绝缘线，并宜穿管敷设接至本楼层或就近的等电位接地端子板。

10. 建筑设备管理系统的防雷与接地应符合的规定是什么？

答：(1)系统的各种线路在建筑物 $LPZ0_A$ 或 $LPZ0_B$ 与 LPZ1 边界处应安装适配的浪涌保护器。(2)系统中央控制室宜在机柜附近设等电位连接网络。室内所有设备金属机架(壳)、金属线槽、保护接地和浪涌保护器的接地端等均应做等电位连接并接地。(3)系统的接地应采用共用接地系统，其接地干线宜采用铜芯绝缘导线穿管敷设，并就近接至等电位接地端子板，其截面积应符合 GB 50343—2012 表 5.2.2-1 的规定。

11. 有线电视系统的防雷与接地应符合的规定是什么？

答：(1)进、出有线电视系统前端机房的金属芯信号传输线宜在入、出口处安装适配的浪涌保护器。(2)有线电视网络前端机房内应设置局部等电位接地端子板，并采用截面积不小于

25 mm^2的铜芯导线与楼层接地端子板相连。机房内电子设备的金属外壳、线缆金属屏蔽层、浪涌保护器的接地以及PE线都应接至局部等电位接地端子板上。(3)有线电视信号传输线路宜根据其干线放大器的工作频率范围、接口形式以及是否需要供电电源等要求,选用电压驻波比和插入损耗小的适配的浪涌保护器。地处多雷区、强雷区的用户端的终端放大器应设置浪涌保护器。有线电视信号传输网络的光缆、同轴电缆的承重钢绞线在建筑物入户处应进行等电位连接并接地。光缆内的金属加强芯及金属护层均应良好接地。

12. 移动通信基站的防雷与接地应符合的规定是什么?

答:(1)移动通信基站的雷电防护宜进行雷电风险评估后采取防护措施。(2)基站的天线应设置于直击雷防护区($LPZ0_B$)内。(3)基站天馈线应从铁塔中心部位引下,同轴电缆在其上部、下部和经走线桥架进入机房前,屏蔽层应就近接地。当铁塔高度大于或等于60 m时,同轴电缆金属屏蔽层还应在铁塔中间部位增加一处接地。(4)机房天馈线入户处应设室外接地端子板作为馈线和走线桥架人户处的接地点,室外接地端子板应直接与地网连接。馈线入户下端接地点不应接在室内设备接地端子板上,亦不应接在铁塔一角上或接闪带上。(5)当采用光缆传输信号时,应符合GB 50343—2012第5.3.3条的规定。(6)移动基站的地网应由机房地网、铁塔地网和变压器地网相互连接组成。机房地网由机房建筑基础和周围环形接地体组成,环形接地体应与机房建筑物四角主钢筋焊接连通。

13. 卫星通信系统的防雷与接地应符合的规定是什么?

答:(1)在卫星通信系统的接地装置设计中,应将卫星天线基础接地体、电力变压器接地装置及站内各建筑物接地装置互相连通组成共用接地装置。(2)设备通信和信号端口应设置浪涌保护器保护,并采用等电位连接和电磁屏蔽措施,必要时可改用光纤连接。站外引入的信号电缆屏蔽层应在入户处接地。(3)卫星天线的波导管应在天线架和机房入口外侧接地。(4)卫星天线伺服控制系统的控制线及电源线,应采用屏蔽电缆,屏蔽层应在天线处和机房入口外接地,并应设置适配的浪涌保护器保护。(5)卫星通信天线应设置防直击雷的接闪装置,使天线处于$LPZ0_B$防护区内。(6)当卫星通信系统具有双向(收/发)通信功能且天线架设在高层建筑物的屋面时,天线架应通过专引接地线(截面积大于或等于25 mm^2绝缘铜芯导线)与卫星通信机房等电位接地端子板连接,不应与接闪器直接连接。

14. 钢筋混凝土建筑物宜在电子信息系统机房内预埋与房屋内墙结构柱主钢筋相连的等电位接地端子板的规定是什么?

答:(1)机房采用S型等电位连接时,宜使用不小于25 mm×3 mm的铜排作为单点连接的等电位接地基准点;(2)机房采用M型等电位连接时,宜使用截面积不小于25 mm^2的铜箔或多股铜芯导体在防静电活动地板下做成等电位接地网格。

15. 电源线路浪涌保护器安装的规定是什么?

答:(1)电源线路的各级浪涌保护器应分别安装在线路进入建筑物的入口、防雷区的界面和靠近被保护设备处。各级浪涌保护器连接导线应短直,其长度不宜超过0.5 m,并固定牢靠。浪涌保护器各接线端应在本级开关、熔断器的下桩头分别与配电箱内线路的同名端相线连接,浪涌保护器的接地端应以最短距离与所处防雷区的等电位接地端子板连接。配电箱的保护接地线(PE)应与等电位接地端子板直接连接。(2)带有接线端子的电源线路浪涌保护器应采用压接;带有接线柱的浪涌保护器宜采用接线端子与接线柱连接。(3)浪涌保护器的连接导线最小截面积宜符合GB 50343—2012表6.5.1规定。

16. 天馈线路浪涌保护器安装的规定是什么？

答:(1)天馈线路浪涌保护器应安装在天馈线与被保护设备之间,宜安装在机房内设备附近或机架上,也可以直接安装在设备射频端口上;(2)天馈线路浪涌保护器的接地端应采用截面积不小于 6 mm^2 的铜芯导线就近连接到 $LPZ0_A$ 或 $LPZ0_B$ 与 LPZ1 交界处的等电位接地端子板上,接地线应短直。

17. 信号线路浪涌保护器安装的规定是什么？

答:(1)信号线路浪涌保护器应连接在被保护设备的信号端口上。浪涌保护器可以安装在机柜内,也可以固定在设备机架或附近的支撑物上。(2)信号线路浪涌保护器接地端宜采用截面积不小于 1.5 mm^2 的铜芯导线与设备机房等电位网络连接,接地线应短直。

18. 什么是雷电波侵入？

答:雷电波侵入是由于雷电对架空线路或金属管道的作用,雷电波可能沿着这些管线侵入屋内,危及人身安全或损坏设备。

19. 什么是等电位连接？

答:等电位连接是将分开的装置、诸导电物体用等电位连接导线或电涌保护器连接起来以减小雷电流在它们之间产生的电位差。

20. 在什么情况下,应划分为第一类防雷建筑物？

答:第一类防雷建筑物主要有:(1)凡制造、使用或贮存炸药、火药、起爆药、火工品等大量爆炸物质的建筑物,因电火花而引起爆炸,会造成巨大破坏和人身伤亡者。(2)具有 0 区或 10 区爆炸危险环境的建筑物。(3)具有 1 区爆炸危险环境的建筑物,因电火花而引起爆炸,会造成巨大破坏和人身伤亡者。

21. 防雷装置安全检查的主要内容有哪些？

答:防雷装置安全检查的主要内容有:(1)接闪器,如检查接闪器有无损坏和严重锈蚀;(2)引下线,如检查有无损坏和严重锈蚀;(3)接地装置,如检查接地装置是否接触不良和严重锈蚀,接触电阻是否达到要求;(4)防雷区划分,如接闪针的保护范围是否达到要求;(5)电磁屏蔽,如屏蔽结构是否符合设备电磁环境的要求;(6)等电位连接,如低压线路入户处,其金属外皮是否接地;(7)电涌保护器,如安装电涌保护器是否符合能量配合的要求;(8)其他内容,如零地电压、静电电位和土壤电阻率等。

22. 易燃、易爆、特殊环境建筑物的测试应注意哪些事项？

答:易燃、易爆、特殊环境建筑物的测试应注意的事项有:(1)易燃、易爆、特殊环境的建筑物不能用摇表进行测量,必须用直流表进行测量;(2)上述特殊环境不能用锉刀等金属除漆、除锈,必须用纱布清洁测试点;(3)上述特殊环境在测试时,应先接触可靠,再开机测试,测试完毕拆线时应先关掉测试表再拆线。严禁先开机后接线或先拆线后关机,此操作易引起电火花造成危险;(4)进场人员及设备应作防静电处理,严格遵守进场规章制度;(5)严格按特殊环境建筑物的有关规范进行检测。

23. 现代防雷技术主要包括哪几部分？

答:①分流;②搭接(等电位连接);③屏蔽;④接地;⑤保护。

24. 电涌保护器 SPD 分为几种类型？

答:分电压开关型、限压型和组合型三种类型。

25. 雷云放电影响计算机场地设备的三种物理现象是什么？

答:静电感应、电磁感应、电磁波辐射。

26. 计算机信息网络供电电源采用哪种接地方式?

答:由 TN 交流配电系统供电时,应采用 TN-S 系统的接地方式。

27. 雷电电磁干扰的传播方式是什么?

答:传导阻抗耦合、静电感应耦合、电磁感应耦合、电容耦合、辐射耦合。

28. 什么是静电感应?

答:由于雷云的作用,使附近导体上感应出与雷云符号相反的电荷,雷云主放电时,先导通道中的电荷迅速中和,在导体上的感应电荷得到释放,如不就近泻入地中就会产生很高的电位。

29. 什么是电磁感应?

答:由于雷电流迅速变化在其周围空间产生瞬变的强电磁场,使附近导体上感应出很高的电动势。

30. 弹药库属于第几类防雷建筑物? 什么是跨步电压?

答:第二类。跨步电压:地面一步距离的两点间的电位差,此距离取最大电位梯度方向。

31. 建筑物防雷采用什么方法设计接闪针高度? 电力系统输电线用什么方法设计接闪线高度?

答:建筑物防雷采用滚球法设计接闪针高度;电力系统输电线用折线法设计接闪线高度。

32. 接触电压的定义?

答:接触电压:接地的金属构件结构和地面上相隔一定距离处一点间的电位差。此距离通常等于最大的水平臂距离,约为 1 m。

33. 防雷措施设计的基本原则是什么?

答:技术先进、经济合理、安全可靠的原则。

34. 浪涌保护器器的种类有几种?

答:火花隙(保护间隙)、管型浪涌保护器、气体放电管(火花间隙的一种)、阀型浪涌保护器(FS 型用于配电系统、FZ 型用于变电所)、压敏电阻、半导体二极管、波道分流型浪涌保护器等。

35. 埋地通信电缆受雷击行为有几种?

答:(1)雷击直接击中地下电缆皮;(2)雷击颠到电缆皮发生雷电流短路击穿放电;(3)雷电辐射的电磁场在电缆外到提上产生感应电压和电流。

36. 地下电缆线防雷措施是什么?

答:(1)选择转移阻抗小的电缆;(2)在电缆上方 30 cm 处敷设两条与电缆平行的接地金属导体(镀锌钢线截面积不小于 50 mm^2);(3)埋设电缆远离接闪物体;(4)在各条电缆之间应做横向连接,且在接头处、端头处作跨线处理;(5)应埋设防雷接地装置,在线路上每隔一段距离做接地,引下限与电缆垂直。

37. 等电位的目的是什么? 防雷击电磁脉冲指的是什么?

答:等电位的目的是在于减小需要防雷的空间内各金属物与各系统之间电位差。防雷击电磁脉冲是指在建筑物遭受直接雷击或附近遭雷击的情况下,线路和设备防过电流和过电压。

38. 为什么优先选用扁钢作为人工接地体?

答:这是由于通常是用表面积来计算与土壤的接触多少的。而在截面积相等的情况下,扁钢的表面积比圆钢的表面积大，与土壤的接触面就多，有利于泄流。

39. 在安装多级 SPD 保护时，应注意什么问题？

答：必须计算 SPD 各级之间的能量配合；一般情况下，电压开关型 SPD 与限压型 SPD 之间距离小于 10 m，限压型 SPD 之间距离小于 5 m 时，应在 SPD 之间加装适当的退耦装置。

40. 什么是雷击电磁脉冲？

答：是一种干扰源，指闪电直接击在建筑物防雷装置和建筑物附近所引起的效应。绝大多数是通过连接导体的干扰，如雷电流或部分雷电流、被雷电击中的装置的电位升高及电磁辐射干扰。

41. GB/T 21431—2015《建筑物防雷装置检测技术规范》规定的检测项目有哪些？

答：a）建筑物的防雷分类；b）接闪器；c）引下线；d）接地装置；e）防雷区的划分；f）雷击电磁脉冲屏蔽；g）等电位连接；h）电涌保护器（SPD）。

42. 电子设备等电位连接的检测时，应测量哪些部位与等电位连接带（或等电位端子板）之间的电气连接情况？

答：配电柜（盘）内部的 PE 排及外露金属导体；UPS 及电池柜金属外壳；电子设备的金属外壳；设备机架、金属操作台；机房内消防设施、其他配套设施金属外壳；线缆的金属屏蔽层；光缆屏蔽层和金属加强筋；金属线槽；配线架；防静电地板支架；金属门、窗、隔断等。

43. 写出泄漏电流测试的合格判定依据。

答：首次测量 I_1 mA 时，单片 MOV 构成的 SPD，其泄漏电流 I_{ie} 的实测值应不超过生产厂标称的 I_{ie} 最大值；如生产厂未声称泄漏电流 I_{ie} 时，实测值应不大于 20 μA。多片 MOV 并联的 SPD，其泄漏电流 I_{ie} 实测值不应超过生产厂标称的 I_{ie} 最大值；如生产厂未声称泄漏电流 I_{ie} 时，实测值应不大于 20 μA 乘以 MOV 阀片的数量。不能确定阀片数量时，SPD 的实测值不大于 20 μA。

后续测量 I_1 mA 时，单片 MOV 和多片 MOV 构成的 SPD，其泄漏电流 I_{ie} 的实测值应不大于首次测量值的 1 倍。

44. 造成接地电阻测量不准确的原因有哪些？

答：（1）地网周围土壤构成不一致，结构不紧密，干湿程度不同，具有分散性。地表面有杂散电流，架空地线、地下水管、电缆外皮等对测试影响特别大。解决的方法是取不同的点进行测试，取平均值。从理论上讲，搞清土壤结构是准确测量接地电阻的前提；（2）测试线方向不对，距离不够长。解决的方法是找准测试方向和距离；（3）辅助接地极电阻过大。解决的方法是在地桩处泼水或使用降阻剂降低电流极的接触电阻；（4）测试夹与电极间的接触电阻过大；（5）干扰影响。解决的方法，调整放线，尽量避开干扰大的方向；（6）若背靠高山，面对河流，应沿土壤分界面方向上测量。

45. 绝缘电阻测试仪器主要为兆欧表，按其测量原理可分为哪些？

答：直接测量试品的微弱漏电流兆欧表；测量漏电流在标准电阻上电压降的电流电压法兆欧表；电桥法兆欧表；测量一定时间内漏电流在标准电容器上积聚电荷的电容充电法兆欧表。兆欧表可制成手摇式、晶体管式或数字式。除兆欧表外，也可以使用 1.2/50 μs 波形的冲击电流发生器进行冲击，以测试 S 型网络除 ERP 外的绝缘。

46. 防雷装置检测服务的基本原则是什么？

答：（1）按照核准的业务范围开展防雷装置检测。（2）依据标准、规范，选用合适的检测设备和科学方法进行检测。(3)不受来自商业、行政等方面的干预和阻力,独立开展检测工作。(4)获取的检测原始记录、形成的检测结论和出具的检测报告应准确无误。(5)在约定的时限内完成检测任务,并出具检测报告。(6)制定并严格执行安全作业制度,现场检测时应遵守用户单位的安全制度。(7)对检测活动中所知悉的国家秘密、商业秘密和技术秘密,检测机构负有保密义务,并有相应的保密措施。

47. 检测业务受理场所应满足哪些要求?

答:(1)公示机构名称和受理时间;(2)公示受理所需材料、资费标准、咨询和投诉电话等;(3)布局合理,指示清晰,环境整洁;

48. 检测质量控制的基本要求有哪些?

答:(1)检测机构应建立工作质量和服务质量管理目标,并制定监督检查制度。(2)检测机构应设立质量管理部门或岗位,开展现场监督、数据复测、项目复查、资料检查等质量监督工作,并对监督发现的问题进行统计分析,提出改进建议。(3)检测机构应及时纠正质量监督过程中发现的错误,并查找错误原因。(4)检测机构应设立用户投诉处理制度。(5)检测机构针对用户提出的合理化建议应采取有效的改进措施,提高服务质量。

49. 检测环境的基本要求有哪些?

答:(1)检测服务环境应符合有关安全、健康和环保的要求,确保检测工作正常、安全、有效开展,检测结果准确、有效,保障检测人员的安全和健康。(2)相关法律法规、技术规范、标准有要求或环境对检测结果有影响时,应监测、控制和记录环境条件。当环境条件不符合检测要求时,应立即停止检测,干扰因素消除后,重新进行检测。

50. 安全要求基本规定有哪些?

答:(1)检测机构应建立、健全安全生产责任制和各项安全管理制度,确保检测工作正常进行,杜绝安全事故发生。(2)检测机构应至少配备1名安全员,安全员宜取得相应的资格证书。(3)检测机构应制订安全培训计划,对员工进行各类岗位安全培训,并对培训结果进行检查与考核。(4)检测机构应配备安全帽等安全防护用品,并监督检测人员使用。(5)进行特种作业的检测人员应按照国家有关规定,经专门的安全作业培训,取得特种作业人员证书才能上岗。(6)检测人员在检测现场发生生产安全事故时,应严格执行国务院有关生产安全事故报告的规定。

51. 检测设备基本要求有哪些?

答:(1)检测机构应制定仪器设备的操作、维修和保养规程。(2)检测机构应建立对检测结果具有重要影响设备的档案。(3)检测设备应按要求进行检定、校准或比对。(4)检测设备应有明显的标识来表明其状态,按标识使用。(5)检测设备的精度应满足检测标准的要求。

52. 档案管理基本要求有哪些?

答:(1)检测机构应制定对档案进行管理的制度,并严格执行。(2)检测机构应对员工、管理文件、检测设备、原始记录、检测报告等建立档案。(3)应明确各类档案的保密范围和措施。

53. 高层建筑物的检测要注意哪两点?

答:(1)以过渡电阻方式检测时,应把第一基准点与大地电阻做测试,确认该基准点符合接地要求,能作为第一基准点使用;在同一幢楼内移动检测,选用若干基准点,应均与第一基准点作过渡电阻测试,以保证它们符合接地要求;(2)防侧击雷检测时,应标示栏杆、窗框、阳台等的确切位置。

54. 电子信息系统防雷检测应包括哪些内容？

答：(1)雷电防护等级的确定；(2)等电位连接系统(S型星形结构、M型网状结构和组合式结构)；(3)共用接地系统(机房内需接地的各种设备、保护线、连接带及各种接地装置)；(4)屏蔽系统；(5)合理布线系统；(6)电涌保护器(技术参数、连接线材料规格和长度、显示窗色标、安装距离)；(7)各类机柜(机架)外壳接地；(8)各类金属操作台接地；(9)静电地板龙骨架接地；(10)金属线槽和线管接地；(11)等电位连接带接地；(12)金属门、窗接地。

55. 检测线的布放路径应遵循哪些原则？

答：(1)远离所有架空布设的高、低压电源线缆及其他不明线缆；(2)充分考虑风向、风速等因素对放线路径的影响；(3)检测线的布放路径应在屋面或者地面检测人员的视野范围内；(4)如果有下层平台或建筑物，应到下层查明情况，布放检测线时分段操作，上下接应，不应盲目作业；(5)避开车辆、行人的通道和出入口。

56. 对于改扩建工程的防雷设计，应收集哪些相关资料？

答：(1)地形、地物状况、气象条件和地质条件；(2)长、宽、高及位置分布、相邻建筑物的高度；(3)电子信息设备系统设备分布；(4)设备类型、功能及性能参数；(5)计算机网络和通信网络的结构；(6)电气连接关系、信号的传输方式；(7)供、配电情况及其配电系统接地方式；(8)原防直击雷接闪装置的现状；(9)引下线与设备接地线的安装距离；(10)高层建筑物防侧击雷的措施、共用接地装置状况。

57. 何为回击放电？何为雷电反击？

答：(1)当梯级先导的通道前端已达到离地面很近(5～50 m)的距离时，它的趋向受地面物的影响。通道前端与地面物之间形成很强的大气电场，于是地面周围的电荷可以因静电感应而大量集中到与先导前端较近的地点，这样便发生电击穿，从地面物冲出一股明亮无比的光柱，沿着由梯级先导开辟的高度电离的通道向上直窜，冲向积雨云完成放电。这个过程称为回击放电。(2)雷电反击通常是指接受直击雷的金属体(包括接闪器、接地引线和接地体)，在接闪瞬间与大地间存在很高的电压 U，这一电压对与大地连接的其他金属物品发生闪击(又叫闪络)的现象称为反击。

58. 简述利用金属屋面做第二类、第三类防雷建筑物的接闪器时，当金属板下无易燃物品时，接闪的金属屋面的材料和规格应符合的规定。

答：(1)铅板厚度大于或等于 2 mm；(2)钢、钛、铜板厚度大于或等于 0.5 mm；(3)铝板厚度大于或等于 0.65 mm；(4)锌板大于或等于 0.7 mm。

59. 简述利用金属屋面做第二类、第三类防雷建筑物的接闪器时，当金属板下有易燃物品时，接闪的金属屋面的材料和规格应符合的规定。

答：(1)钢、钛板厚度大于或等于 4 mm；(2)铜板厚度大于或等于 5 mm；(3)铝板厚度大于或等于 7 mm。

60. 在建筑物的地下室或地面层处，哪些物体应与防雷装置做防雷等电位连接？

答：(1)建筑物金属体。(2)金属装置。(3)建筑物内系统。(4)进出建筑物的金属管线。

61. 第一类防雷建筑物，当建筑物高于 30 m 时，尚应采取哪些防侧击的措施？

答：(1)应从 30 m 起每隔不大于 6 m 沿建筑物四周设水平接闪带并应与引下线相连。(2)30 m 及以上外墙上的栏杆、门窗等较大的金属物应与防雷装置连接。

62. 当一座防雷建筑物中兼有第一、二、三类防雷建筑物时，其防雷分类和防雷措施宜符合哪些规定？

答：(1)当第一类防雷建筑物部分的面积占建筑物总面积的30%及以上时，该建筑物宜确定为第一类防雷建筑物。(2)当第一类防雷建筑物部分的面积占建筑物总面积的30%以下，且第二类防雷建筑物部分的面积占建筑物总面积的30%及以上时，或当这两部分防雷建筑物的面积均小于建筑物总面积的30%，但其面积之和又大于30%时，该建筑物宜确定为第二类防雷建筑物。但对第一类防雷建筑物部分的防闪电感应和防闪电电涌侵入，应采取第一类防雷建筑物的保护措施。(3)当第一、二类防雷建筑物部分的面积之和小于建筑物总面积的30%，且不可能遭直接雷击时，该建筑物可确定为第三类防雷建筑物；但对第一、二类防雷建筑物部分的防闪电感应和防闪电电涌侵入，应采取各自类别的保护措施；当可能遭直接雷击时，宜按各自类别采取防雷措施。

63. 固定在建筑物上的节日彩灯、航空障碍信号灯及其他用电设备和线路应根据建筑物的防雷类别采取相应的防止闪电电涌侵入的措施，并应符合哪些规定？

答：(1)无金属外壳或保护网罩的用电设备应处在接闪器的保护范围内。(2)从配电箱引出的配电线路应穿钢管。钢管的一端应与配电箱和PE线相连；另一端应与用电设备外壳、保护罩相连，并应就近与屋顶防雷装置相连。当钢管因连接设备而中间断开时应设跨接线。(3)在配电箱内应在开关的电源侧装设Ⅱ级试验的电涌保护器，其电压保护水平不应大于2.5 kV，标称放电电流值应根据具体情况确定。

64. 防接触电压应符合哪些规定？

答：(1)利用建筑物金属构架和建筑物互相连接的钢筋在电气上是贯通且不少于10根柱子组成的自然引下线，作为自然引下线的柱子包括位于建筑物四周和建筑物内的。(2)引下线3 m范围内地表层的电阻率不小于50 kΩ · m，或敷设5 cm厚沥青层或15 cm厚砾石层。(3)外露引下线，其距地面2.7 m以下的导体用耐1.2/50 μs冲击电压100 kV的绝缘层隔离，或用至少3 mm厚的交联聚乙烯层隔离。(4)用护栏、警告牌使接触引下线的可能性降至最低限度。

65. 对第二类和第三类防雷建筑物，没有得到接闪器保护的屋顶孤立金属物的尺寸不超过多少数值时，可不要求附加的保护措施？

答：(1)高出屋顶平面不超过0.3 m。(2)上层表面总面积不超过1.0 m^2。(3)上层表面的长度不超过2.0 m。

66. 简述根据雷电威胁的不同所定义的LPZ。

答：$LPZ0_A$：受直接雷击和全部雷电电磁场威胁的区域。该区域的内部系统可能受到全部或部分雷电浪涌电流的影响。$LPZ0_B$：直接雷击的防护区域，但该区域的威胁仍是全部雷电电磁场。该区域的内部系统可能受到部分雷电浪涌电流的影响。LPZ1：由于分流和边界处SPD的作用使浪涌电流受到限制的区域。该区域的空间屏蔽可以衰减雷电电磁场。LPZ2～n：由于分流和边界处附加SPD的作用使浪涌电流受到进一步限制的区域。该区域的附加空间屏蔽可以进一步衰减雷电电磁场。

67. 外部雷电防护装置的一般要求是什么？

答：外部LPS用于截收建筑物的直击雷(包括建筑物侧面的闪络)，将雷电流从雷击点引导入地。同时将雷电流分散入地，避免产生热效应或机械损坏，以及在容易引发火灾或爆炸的地方产生危险火花。大多数情况下，外部LPS可固定到受保护建筑物上。当雷击点或通过雷电流的导线发生致热效应和爆炸效应，可能引起建筑物损坏或建筑物内部损坏时，应考虑采用分离的外部 LPS。当建筑物内部敏感的物体要求降低引下线中雷电流电磁脉冲产生的辐射电磁场时，可考虑采用分离的外部 LPS。永久保留在建筑物中或建筑物上，且不会发生变动的金属材料构成的自然构件可作为 LPS 部件。其他自然构件应视为附加在 LPS 上的部件。

68. 安装接闪器的一般要求是什么？

答：(1)安装设计适当的接闪器，能大大减少雷电流侵入建筑物的概率。(2)接闪器可由以下任一部件组成：a)杆状接闪器(包括独立支座)；b)悬链线；c)网状导体。(3)位于屋顶的独立的杆状接闪器应互相连接，以利于分散雷电流。不允许采用具有放射性的接闪器。(4)接闪器应安装在建筑物的角上、暴露在外的点、边缘(特别是屋顶边缘)。接闪器的定位通常有三种方式：保护角法、滚球法、网格法。(5)滚球法适用于任何场合。(6)保护角法适用于外形简单的建筑物，但受到接闪器高度的限制。(7)网格法适用于对平面表面的保护。

69. 安装用于高层建筑防侧面闪络的接闪器有什么要求？

答：高于 60 m 的建筑物，侧面可能会发生闪络，特别是表面的角、点及边缘。为保护高层建筑的上部(大于建筑物高度的 80%)及建筑物上安装的设备(见 GB/T 21714.3—2015 附录 A)，应安装接闪器。建筑物上部的保护，同样可应用屋顶上接闪器的定位原则。此外，对高度超过 120 m 的建筑物，超过 120 m 并可能遭到损坏的所有部分应加以保护。

70. 独立 LPS 的配置应当遵循哪些原则？

答：(1)如果接闪器位于多个(或一个)分离支撑杆上(支撑杆不为金属材料或互联钢筋)，每个支撑杆至少应安装一根引下线。支撑杆为金属材料或互联钢筋，则不需另外的引下线。(2)如果接闪器为悬链线(或一根导线)，则每一悬链支点至少需要一根引下线。(3)如果接闪器形成了一个导线网格，则每一支撑线的末端至少需要一根引下线。

71. 接地装置的一般要求是什么？

答：(1)将雷电流(高频特性)分散入地时，为使任何潜在的过电压降到最小，接地装置的形状和尺寸很重要。一般来说，建议采用较小的接地电阻(如果可能，低频测量时小于 10 Ω)。(2)从防雷观点来看，接地装置最好为单一、整体结构，可适用于任意场合(例如：防雷保护、电力系统和通信系统)。

72. 常用的两种基本类型的接地装置分别有什么要求？

答：A 型接地装置：包括安装在受保护建筑物外，且与引下线相连的水平接地极与垂直接地极。A 型接地装置的接地极总数不应小于 2。在引下线的底部，每个接地极的最小长度为：水平接地极为 l_1；垂直接地极(或倾斜)为 0.5 l_1(其中，l_1 为水平接地极的最小长度)。对组合(垂直或水平)接地极应考虑总长度。

B 型接地装置：可以是位于建筑物外面且总长度至少 80% 与土壤接触的环形导体或基础接地体。接地体可以是网状。对环形接地体(或基础接地体)，所在区域的半径 r_e 不应小于 l_1：附加接地体的数量不应小于引下线的数量，最少为 2 个。附加接地体应在引下线的连接点处与环形接地体相连，并尽可能进行多点等距离连接。

73. 内部系统的雷电等电位连接的一般要求是什么？

答：(1)如果内部系统的导线有屏蔽层，或布放在金属管道内，则只需与屏蔽层和管道进行连接；(2)如果内部系统的导线没有屏蔽层也没放在金属管道内，则必须通过 SPD 连接。在 TN 系统中，PE 和 PEN 导线应直接连接到 LPS 或通过 SPD 连接到 LPS。

74. 外部 LPS 的电气绝缘的一般要求是什么？

答：当线路或外部导电部件与建筑物连接时，必须保证在建筑物入口处进行等电位连接（直接相连或通过 SPD 相连）。金属材料的建筑物或建筑物的混凝土框架电气连续、互联时，则不需考虑隔距要求。

75. 跨步电压的防护措施是什么？

答：(1)某些情况下，即使 LPS 的设计和施工符合上述要求，在建筑物外面、邻近 LPS 引下线附近区域还是可能会对人身产生危害。(2)采取下列任一措施，可将危害降低到可以容许的程度：a)引下线 3 m 以内区域，人接近的概率很低且在危险区内停留的时间很短；b)引下线 3 m以内区域，土壤表层的电阻率不小于 5 kΩ · m。(3)一般来说，5 cm 厚的沥青(或 15 cm 厚的砂砾)绝缘材料，可以满足这一要求。(4)如果以上条件均不能满足，则可采取以下措施：a)用网状接地装置实现等电位；b)引下线附近 3 m 范围内，给出物理限制和/或警告指示，减少接近危险区域的概率。(5)所有防护措施应符合有关标准。

76. 采用滚球法时接闪器的定位要求是什么？

答：采用滚球法时，如果受保护建筑物上任何一点都不与半径为 r 的球体球面区域相接触，则可认为接闪器的位置是合适的。半径 r 的大小取决于 LPS 类型，球在建筑物周围及顶部的所有方向滚动。此时球面仅与接闪器接触。对高度大于滚球半径 r 的所有建筑物，侧面可能会遭受闪击。侧面上，用滚球法可以接触到的每一点都可能是雷击点。但对低于 60 m 的建筑物，通常可忽略侧面闪击。对比较高的建筑物，大部分雷闪将击中建筑物顶部、水平边缘以及建筑物的角。只有少部分雷闪会击中侧面。此外，在高层建筑物内，随着与地面高差降低，其遭受侧面闪击的概率显著减少。因而应考虑高层建筑物的上部（一般在建筑物高度的 20%处）安装侧面接闪器系统。此时，仅在建筑物上部，采用滚球法进行接闪器的定位。

77. 采用网格法时接闪器的定位要求是什么？

答：(1)对满足以下所有条件的扁平建筑物，整个表面的保护可采用网格法：接闪器导体处于屋顶屋檐处；屋顶悬垂处；当屋顶坡度超过 1/10 时，接闪器导体位于屋顶屋脊处（如果屋顶坡度超过 1/10，可用平行的接闪线代替网格。此时，使接闪线间的间隔不大于网格所要求的宽度）。(2)接闪器网络的尺寸不大于给定值。(3)接闪器网络应使雷电流至少通过两条金属路径到接地装置。(4)接闪器保护空间外部没有任何突出的金属装置。(5)接闪器导线应尽可能短且尽可能走直线。

78. 存储固体爆炸性材料的建筑物的防雷设计的一般要求是什么？

答：(1)对储存固体爆炸性材料的建筑物，防雷设计应考虑建筑物内使用或储存材料结构上的敏感性。例如，除 GB/T 21714.3—2015《雷电保护　第 3 部分：建筑物的物理损坏和生命危险》所包含的材料外，一些非敏感性块状爆炸性材料不需要考虑。一些敏感爆炸性材料的结构可能会对快速变化的电场/或雷电脉冲电磁场的辐射比较敏感，对该类应用，有必要提出其他等电位连接或屏蔽要求。(2)对储存固体爆炸性材料的建筑物，可采用分离的外部 LPS。如果建筑物完全包含在 5 mm 厚的钢结构或等效结构（例如：7 mm 厚的铝结构）内，可认为受到自然接闪器系统的保护，其接地要求见 GB/T 21714.3—2015 的 5.4。(3)在所有存在爆炸性材料的地方，浪涌保护器（SPD）应作为 LPS 的一部分。条件许可时，SPD 应安装在固体爆炸性材料所在区域的外面。对安装在存在暴露的爆炸性材料或爆炸性粉尘区域内部的 SPD，应采用防爆炸型 SPD 或将 SPD 密封在防爆炸的容器中。

79. 为了实现有效的接地，应遵守什么安装原则？

答：(1)所有搭接措施的基础条件是一个低阻抗的搭接网络；(2)搭接母排通过尽可能短的路径连接到接地系统(连接导体长度小于 0.5 m)；(3)搭接母排和导体的材料及尺寸必须遵守本部分的 GB/T 21714.3—2015 中 5.5 节的要求；(4)SPD 与搭接母排和带电导体之间的连接线必须尽可能短，从而使感应电压降最小化；(5)位于 SPD 后级的被保护电路，应当尽可能减小回路面积或者使用屏蔽电缆或电缆管道，从而使互感降到最低。

七、判断题

1.《爆炸和火灾危险场所防雷装置检测技术规范》仅适用于火灾危险场所防雷装置的检测。(×)

2. 凡用于生产、加工、储存和运输爆炸品的场所属于爆炸和火灾危险场所。(√)

3. 凡用于生产、加工、储存和运输压缩气体的场所不属于爆炸和火灾危险场所。(×)

4. 凡用于生产、加工、储存和运输液化气体的场所不属于爆炸和火灾危险场所。(×)

5. 凡用于生产、加工、储存和运输易燃液体和易燃固体的场所属于爆炸和火灾危险场所。(√)

6. 凡用于生产和加工爆炸品、压缩气体、液化气体、易燃液体和易燃固体等物质的场所称为生产场所。(√)

7. 凡用于储存爆炸品、压缩气体、液化气体、易燃液体和易燃固体等物质的场所称为储运场所。(×)

8. 不属于第一、二类的爆炸和火灾危险场所宜划分为第三类场所。(×)

9. 爆炸和火灾危险场所接闪器与每一根引下线的电气连接的过渡电阻不应大于0.03 Ω。(√)

10. 爆炸和火灾危险场所屋面电气设备和金属构件与防雷装置的电气连接的过渡电阻不应大于0.2 Ω。(×)

11. 爆炸和火灾危险场所防侧击雷装置与引下线的电气连接的过渡电阻不应大于0.03 Ω。(√)

12. 火灾危险场所设有断接卡的引下线,应每年至少把断接卡断开测试其接地电阻一次。(√)

13. 爆炸危险场所当电源和信号线路采用金属管或金属线槽进行屏蔽时,其屏蔽层宜采取全封闭,两端应接地,电气连接的过渡电阻不宜大于0.03 Ω。(×)

14. 火灾危险场所建筑物之间敷设的电缆,其屏蔽层两端与各自建筑物的等电位连接带的电气连接的过渡电阻不宜大于0.03 Ω。(×)

15. 爆炸危险场所低压电气设备的外露导电部分、配电线路的PE线和信号线路屏蔽外层的电气连接的过渡电阻不应大于0.3 Ω。(×)

16. 火灾危险生产场所的工艺装置(塔、容器、换热器等)、设备等金属外壳的防闪电静电感应接地装置的电气连接的过渡电阻不应大于0.03 Ω。(√)

17. 爆炸危险生产场所的防闪电静电感应接地连接线宜采取螺栓连接或焊接。(×)

18. 爆炸危险生产场所有振动性的工艺装置或设备的振动部件防闪电静电感应接地装置的电气连接的过渡电阻不应大于0.03 Ω。(√)

19. 火灾危险生产场所与地绝缘金属物的法兰、胶管接头和喷嘴等部件不应采用铜芯软

绞线跨接引出接地。(×)

20. 在粉体筛分、研磨和混合等其他火灾危险生产场所的金属导体部件与连接线应采取螺栓连接。(√)

21. 火灾危险储运场所未使用的储罐内各金属构件(搅拌器、升降器、仪表管道、金属浮体等)与罐体的电气连接的过渡电阻不应大于 0.03 Ω。(√)

22. 火灾危险储运场所浮顶罐的浮船、罐壁和活动走梯等活动的金属构件与罐壁之间的电气连接的过渡电阻不应大于 0.03 Ω。(√)

23. 火灾危险储运场所油(气)罐及罐室的金属构件以及呼吸阀、量油孔、放空管及安全阀等金属附件与接地装置的电气连接的过渡电阻不应大于 0.02 Ω。(×)

24. 火灾危险储运场所气液管道长距离无分支管道及管道在进出工艺装置区(含生产车间厂房、储罐等)处和分岔处的冲击接地电阻不应大于 30 Ω。(√)

25. 火灾危险储运场所加热伴管的进气口、回水口处与工艺管道的电气连接的过渡电阻不应大于 0.2 Ω。(×)

26. 火灾危险储运场所储罐的风管及外保温层的金属板保护罩与罐体的连接处宜咬口,并利用机械固定的螺栓与罐体作电气连接。(×)

27. 火灾危险储运场所非导体管段上的所有金属件的接地装置的电气连接的过渡电阻不应大于 0.03 Ω。(√)

28. 火灾危险储运场所油气装卸区域内的金属管道、设备、线路屏蔽管和金属构件等宜与接地装置作电气连接。(×)

29. 火灾危险储运场所油气装卸区域内铁路钢轨的两端应接地。(√)

30. 火灾危险储运场所油气运输铁路装卸区域内与区域外钢轨间的电气通路宜采取绝缘隔离措施。(×)

31. 火灾危险储运场所油气运输铁路装卸区平行钢轨之间应在每个鹤位处进行一次跨接。(√)

32. 火灾危险储运场所油气运输铁路装卸区鹤管端口与每个鹤位平台或站台处的接地端子(夹)的电气连接的过渡电阻不应大于 0.02 Ω。(×)

33. 火灾危险储运场所油气运输汽车装卸区罐车、槽罐车及储罐等装卸场地的接地装置与接地干线的电气连接的过渡电阻不应大于 0.03 Ω。(√)

34. 火灾危险油气运输码头的金属管道、设备和构架(包括码头引桥,栈桥的金属构件,基础钢筋等)与防闪电静电感应接地装置的电气连接的过渡电阻不应大于 0.2 Ω。(×)

35. 火灾危险油气运输码头装卸栈台或趸船与储运船舶跨接的接地装置与接地干线的电气连接的过渡电阻不应大于 0.03 Ω。(√)

36. 火灾危险气液充装站气液充装管道与充装设备电缆金属外皮(或电缆金属保护管)与接地装置的电气连接的过渡电阻不应大于 0.03 Ω。(√)

37. 火灾危险气液充装站气液充装软管(胶管)两端金属构件的跨接过渡电阻不应大于 0.2 Ω。(×)

38. 火灾危险油气泵房(棚)进出泵房(棚)的金属管道、电缆的金属外皮或架空电缆金属槽,在泵房(棚)外侧宜做一处接地。(×)

39. 火灾危险油气泵房(棚)内设备(电机、烃泵等)的防闪电静电感应接地的电气连接的

过渡电阻不应大于 0.03 Ω。(√)

40. 火灾危险仓储库房的金属门窗、进入库房的金属管道、室内的金属货架及其他金属装置与接地装置的电气连接的过渡电阻不应大于 0.03 Ω。(√)

41. 爆炸和火灾危险场所的防直击雷装置,每根引下线的冲击接地电阻不应大于 4 Ω。(×)

42. 当爆炸和火灾危险场所防雷接地、防闪电静电感应接地、电气设备的工作接地、保护接地及电子系统的接地等共用接地装置时,其工频接地电阻按各系统要求中的最小值确定。(√)

43. 爆炸和火灾危险场所当采取电气连接、等电位连接和跨接连接时,其过渡电阻不宜大于 0.03 Ω。(×)

44. 爆炸和火灾危险场所专设的防闪电静电感应装置的接地体,其工频接地电阻不应大于 100 Ω。(√)

45. 爆炸和火灾危险场所地上和管沟内敷设的油气管道接地装置的冲击接地电阻不应大于 10 Ω。(×)

46. 爆炸和火灾危险场所露天钢质储罐的冲击接地电阻不宜大于 10 Ω。(×)

47. 爆炸和火灾危险场所泵房(棚)外侧的管道接地的冲击接地电阻不应大于 10 Ω。(√)

48. 爆炸和火灾危险场所直径大于或等于 2.5 m 及容积大于或等于 50 m^3 的装置的冲击接地电阻不应大于 4 Ω。(×)

49. 爆炸和火灾危险场所覆土油罐的罐体的冲击接地电阻不应大于 1 Ω。(×)

50. 爆炸和火灾危险场所罐室的金属构件、呼吸阀和量油孔等金属附件的冲击接地电阻不应大于 10 Ω。(√)

51. 连续出现或长期出现或频繁出现爆炸性气体混合物的场所为 1 区。(×)

52. 在正常运行时可能偶然出现爆炸性气体混合物的场所为 1 区。(√)

53. 在正常运行时不可能出现爆炸性气体混合物的场所,或即使出现也仅是短时存在的爆炸性气体混合物的场所为 2 区。(√)

54. 以空气中可燃性粉尘云持续地或长期地或频繁地短时存在于爆炸性环境中的场所为 20 区。(√)

55. 正常运行时,很可能偶然地以空气中可燃性粉尘云形式存在于爆炸性环境中的场所为 22 区。(×)

56. 正常运行时,不太可能以空气中可燃性粉尘云形式存在于爆炸性环境中的场所,如果存在仅是短暂的 21 区。(×)

57. 电子信息系统是由计算机、通信设备、处理设备、控制设备、电力电子装置及其相关的配套设备、设施(含网络)等的电子设备构成的,按照一定应用目的和规则对信息进行采集、加工、存储、传输、检索等处理的人机系统。(√)

58. 综合防雷系统指外部和内部雷电防护系统的总称。外部防雷由等电位连接、共用接地装置、屏蔽、合理布线、浪涌保护器等组成。内部防雷由接闪器、引下线和接地装置等组成,用于直击雷的防护组成,用于减小和防止雷电流在需防护空间内所产生的电磁效应。(×)

59. 共用接地系统指将防雷系统的接地装置、建筑物金属构件、低压配电保护线(PE)、等电位连接端子板或连接带、设备保护地、屏蔽体接地、防静电接地、功能性接地等连接在一起构成共用的接地系统。(√)

60. 自然接地体是指有接地功能并为此目的专门设置的与大地有良好接触的各种金属构件、金属井管、混凝土中的钢筋等的统称。（ × ）

61. 接地端子指将保护导体、等电位连接导体和工作接地导体与接地装置连接的端子或接地排。（ √ ）

62. 总等电位接地端子板指将多个接地端子连接在一起并间接地与接地装置连接金属板。（ × ）

63. 楼层等电位接地端子板指建筑物内楼层设置的接地端子板，供全部等电位接地端子板作等电位连接用。（ × ）

64. 局地等电位接地端子板(排)指电子信息系统机房内局部等电位连接网络接地的端子板。（ √ ）

65. 等电位连接带指用作等电位连接的网络导体。（ × ）

66. 等电位连接网络指建筑物内用作等电位连接的所有导体和浪涌保护器组成的网络。（ √ ）

67. 电压开关型浪涌保护器在无浪涌时呈现低阻抗，当出现电压浪涌时突变为高阻抗。通常采用放电间隙、气体放电管、晶闸管和三端双向可控硅元件作这类浪涌保护器的组件。（ × ）

68. 电压限制型浪涌保护器在无浪涌时呈现高阻抗，但随浪涌电流和电压的增加其阻抗会不断减小，又称限压型浪涌保护器。用作这类非线性装置的常见器件有压敏电阻和抑制二极管。（ √ ）

69. 标称放电电流流过浪涌保护器，具有 8/20 μs 波形的电流峰值，用于浪涌保护器的Ⅰ类试验以及Ⅱ类试验的预处理试验。（ × ）

70. 最大放电电流是流过浪涌保护器具有 8/20 μs 波形的电流峰值，其值按Ⅰ类动作负载试验的程序确定。（ × ）

71. 冲击电流指由电流峰值 I_{peak}、电荷量 Q 和比能量 W/R 三个参数定义的电流，用于浪涌保护器的Ⅰ类试验，典型波形为 10/350 μs。（ √ ）

72. 最大持续工作电压指可连续施加在浪涌保护器上的最大直流电压有效值或交流电压。（ × ）

73. 残压是指放电电流流过浪涌保护器时，在其端子间的电压峰值。（ √ ）

解析：GB 50343—2012《建筑物电子信息系统防雷技术规范》第 2.0.23 条。

74. 限制电压指施加规定波形和幅值的冲击时，在浪涌保护器接线端子间测得的最小电压峰值。（ × ）

75. 电压保护水平是表征浪涌保护器限制接线端子间电压的性能参数，该值应小于限制电压的最高值。（ × ）

76. 有效保护水平指浪涌保护器连接导线的感应电压降与浪涌保护器电压保护水平 U_p 之和。（ √ ）

77. 2/50 μs 冲击电压指视在波前时间为 1.2 μs，半峰值时间为 50 μs 的冲击电压。（ √ ）

78. 8/20 μs 冲击电流是指视在波前时间为 20 μs，半峰值时间为 8 μs 的冲击电流。（ × ）

79. 复合波由冲击发生器产生，开路时输出 1.2/50 μs 冲击电压，短路时输出 8/20 μs 冲击电流。提供给浪涌保护器的电压、电流幅值及其波形由冲击发生器和受冲击作用的浪涌保护器的阻抗而定。开路电压峰值和短路电流峰值之比为 8 Ω，该比值定义为虚拟输出阻抗 Z_f，短路电流用符号 I_{sc}表示，开路电压用符号 U_{oc}表示。（ × ）

80. 插入损耗指传输系统中插入一个浪涌保护器所引起的损耗，其值等于浪涌保护器插入前后的功率比。插入损耗常用分贝(dB)来表示。（ √ ）

81. 劣化指由于浪涌、使用或不利环境的影响造成浪涌保护器原始性能参数的变化。（ √ ）

82. 热熔焊是指利用放热化学反应时快速产生超高热量，使导体熔化分成两部分的方法。（ × ）

83. 雷击损害风险指雷击导致的年平均可能损失（人和物）与受保护对象的总价值（人和物）之差。（ × ）

84. 经计算后，建（构）筑物符合确定的防雷等级要求，其建（构）筑物在接闪器的保护范围内，该建（构）筑物还有可能会遭受直击雷袭击。（ √ ）

85. 在独立接闪针、架空接闪线（网）的支柱上严禁悬挂电话线、广播线、电视接收天线及低压架空线。（ √ ）

86. 侧击雷实质上是直击雷的一种。（ √ ）

87. 进入建筑物的外来导电物应在 LPZ0 与 LPZ1 区的界面处做等电位连接。（ √ ）

88. 接地是一种有意或非有意的导电连接，由于这种连接，可使电路或电气设备接到大地或接到代替大地的某种导电体。（ × ）

89. 工频接地电阻是工频电流流过接地装置时，接地极与远方大地之间的电阻。（ √ ）

90. 工频接地电阻的数值等于接地装置相对远方大地的电压与通过接地极流入地中电流的比值。（ √ ）

91. 人工接地体是为接地需要而埋设的接地体。人工接地体可分为人工垂直接地体和自然接地体。（ × ）

92. 过电流保护器位于 SPD 外部后端，作为电气装置的一部分的电流装置。（ × ）

93.（实测）限制电压是在 SPD 试验中施加规定波形和辐值的冲击电流时，在 SPD 接线端子间测得的最大电压峰值。（ × ）

94. 开关型 SPD 的放电电压是在 SPD 的间隙电极之间，发生击穿放电前的最大电压值。（ √ ）

95. 当 SPD 上通过规定的直流参考电流时，在其两端测得的电压值为 SPD 的直流参考电压。（ √ ）

96. 总放电电流是多极 SPD 生产厂在产品上标注的多极 SPD 放电电流之和。（ √ ）

97. 设备耐冲击电压额定值是设备制造商给予的设备耐冲击电压额定值，表征其绝缘耐受过电压的能力。（ √ ）

98. 防雷装置检测是按照建筑物防雷装置的设计标准确定防雷装置满足标准要求而进行的检查、测量过程。（ × ）

99. 开路电压是在复合波发生器连接试品端口处的开路电压。（ √ ）

100. 检测分类分为新建项目检测和定期检测。（ × ）

101. 定期检测是按规定周期进行的检测。（ √ ）

102. 爆炸危险环境 0 区应为连续出现或不长期出现爆炸性气体混合物的环境。（ × ）

103. 储存易燃油品的地上固定顶油罐内未充惰性气体的油品表面以上空间应为爆炸危险环境 0 区。（ √ ）

104. 储存易燃油品的地上卧式油罐内未充惰性气体的液体表面以上的空间应为爆炸危险环境 1 区。（ × ）

105. 易燃油品灌桶间中油桶内液体表面以上的空间为爆炸危险环境 1 区。（ × ）

106. 易燃油品灌桶棚或露天灌桶场所中油桶内液体表面以上的空间应为爆炸危险环境 0 区。（ √ ）

107. 铁路、汽车油罐车灌装易燃油品时油罐车内液体表面以上的空间应为爆炸危险环境 0 区。（ √ ）

108. 铁路、汽车油罐车密闭灌装易燃油品时油罐车内液体表面以上的空间应为爆炸危险环境 2 区。（ × ）

109. 易燃油品人工洞石油库油罐内液体表面以上的空间应为爆炸危险环境 2 区。（ × ）

110. 有盖板的易燃油品隔油池内液体表面以上的空间为爆炸危险环境 0 区。（ √ ）

111. 含易燃油品的污水浮选罐内液体表面以上的空间为爆炸危险环境 0 区。（ √ ）

112. 易燃油品覆土油罐内液体表面以上的空间应为爆炸危险环境 2 区。（ × ）

113. 爆炸危险环境 1 区应为正常运行时可能出现爆炸性气体混合物的环境。（ √ ）

114. 石油库易燃油品设施的爆炸危险区域内地坪以下的坑、沟应为爆炸危险环境 2 区。（ × ）

115. 石油库储存易燃油品的地上固定顶油罐以通气口为中心、半径为 1.5 m 的球形空间为爆炸危险环境 1 区。（ √ ）

116. 石油库储存易燃油品的内浮顶油罐浮盘上部空间及以通气口为中心、半径为 1.5 m 范围内的球形空间为爆炸危险环境 1 区。（ √ ）

117. 石油库储存易燃油品的浮顶油罐浮盘上部至罐壁顶部空间应为爆炸危险环境 2 区。（ × ）

118. 储存易燃油品的地上卧式油罐以通气口为中心、半径为 1.5 m 的球形空间为爆炸危险环境 1 区。（ √ ）

119. 易燃油品泵房、阀室易燃油品泵房和阀室内部空间属于爆炸危险环境 2 区。（ × ）

120. 易燃油品灌桶间内空间属于爆炸危险环境 1 区。（ √ ）

121. 汽车油罐车灌装易燃油品时以油罐车灌装口为中心、半径为 3 m 的球形并延至地面的空间属于爆炸危险环境 2 区。（ × ）

122. 铁路油罐车灌装易燃油品时以油罐车灌装口为中心、半径为 3 m 的球形并延至地面的空间属于爆炸危险环境 1 区。（ √ ）

123. 易燃油品人工洞石油库中罐室和阀室内部及以通气口为中心、半径为 3 m 的球形空间属于爆炸危险环境 2 区。（ × ）

124. 易燃油品覆土油罐以通气口为中心、半径为 1.5 m 的球形空间属于爆炸危险环境 1 区。（ √ ）

125. 有盖板的易燃油品管沟内部空间属于爆炸危险环境 1 区。（ √ ）

126. 油罐外壁与护体之间的空间、通道口门（盖板）以内的空间属于爆炸危险环境 1 区。（ √ ）

127. 距阀易燃油品阀门井内壁 1.5 m、高 1.5 m 的柱形空间属于爆炸危险环境 2 区。(×)

128. 汽车加油加气站:汽油、LPG 和 LNG 设施的爆炸危险区域内地坪以下的坑或沟属于爆炸危险环境 1 区。(√)

129. 汽车加油站埋地卧式汽油储罐人孔(阀)井内部空间、以通气管管口为中心,半径为 1.5 m(0.75 m)的球形空间和以密闭卸油口为中心,半径为 1.5 m 的球形空间属于爆炸危险环境 1 区。(×)

130. 汽油加油机壳体内部空间属于爆炸危险环境 1 区。(√)

131. CNG 压缩机、阀门、法兰或类似附件的房间的内部空间属于爆炸危险环境 2 区。(×)

132. 地上 LPG 储罐以卸车口为中心,半径为 1 m 的球形空间属于爆炸危险环境 1 区。(√)

133. CNG 和 LNG 加气机的内部空间属于爆炸危险环境 1 区。(√)

134. LNG 卸气柱的以密闭式注送口为中心,半径为 1 m 的空间属于爆炸危险环境 1 区。(×)

135. 储存易燃油品的地上固定顶油罐距储罐外壁和顶部 4 m 范围内及储罐外壁至防火堤,其高度为堤顶高的范围内属于爆炸危险环境 2 区。(×)

136. 储存易燃油品的地上卧式油罐距储罐外壁和顶部 3 m 范围内及储罐外壁至防火堤,其高度为堤顶高的范围内属于爆炸危险环境 2 区。(√)

137. 爆炸危险环境 2 区应为正常运行时不太可能出现爆炸性气体混合物的环境,或即使出现也仅是短时存在的爆炸性气体混合物的环境。(√)

138. 储存易燃油品的地上固定顶油罐距储罐外壁和顶部 3 m 范围内及储罐外壁至防火堤,其高度为堤顶高的范围内属于爆炸危险环境 2 区。(√)

139. 燃油品汽车油罐车棚、易燃油品重桶堆放棚的内部空间属于爆炸危险环境 2 区。(√)

140. 距易燃油品阀门井内壁 1.5 m、高 1.5 m 的柱形空间属于爆炸危险环境 21 区。(×)

141. 汽车加油站埋地卧式汽油储罐距人孔(阀)井外边缘 1.5 m 以内,自地面算起 1 m 高的圆柱形空间、以通气管管口为中心,半径为 3 m(2 m)的球形空间和以密闭卸油口为中心,半径为 1.5 m 的球形并延至地面的空间属于爆炸危险环境 2 区。(√)

142. 汽车加油站 LPG 压缩机、泵、法兰、阀门或类似附件的房间有孔、洞或开式外墙,距孔、洞或墙体开口边缘 3 m 范围内与房间等高的空间属于爆炸危险环境 21 区。(×)

143. LNG 储罐区的防护堤至储罐外壁,高度为堤顶高度的范围内属于爆炸危险环境 1 区。(×)

144. 当露天设置的 LNG 泵设置于防护堤内时,设备或装置外壁至防护堤,高度为堤顶高度的范围内属于爆炸危险环境 21 区。(×)

145. 当露天设置的水浴式 LNG 气化器设置于防护堤内时,设备外壁至防护堤,高度为堤顶高度的范围内属于爆炸危险环境 2 区。(√)

146. 以 LNG 卸气柱的密闭式注送口为中心,半径为 4.5 m 的空间以及至地坪以上的范围内属于爆炸危险环境 20 区。(×)

147. 煤气发生炉的加煤机与贮煤斗连接，贮煤层为封闭建筑的主厂房属于爆炸危险环境 2 区。（ √ ）

148. 煤气排送机间及煤气净化设备区属于爆炸危险环境 20 区。（ × ）

149. 煤气管道的排水器室属于爆炸危险环境 2 区。（ √ ）

150. 乙炔站气瓶修理间、干渣堆场属于爆炸危险环境 2 区。（ √ ）

151. 以加氢机外轮廓线为界面，以 4.5 m 为半径的地面区域为底面和以加氢机顶部以上 4.5 m 为顶面的圆台形空间属于爆炸危险环境 1 区。（ × ）

152. 罩棚内储氢罐或氢气储气瓶组的以设备外轮廓线为界面以 4.5 m 为半径的地面区域、顶部空间区域属于爆炸危险环境 2 区。（ √ ）

153. 以撬装式氢气压缩机组的外轮廓线为界面，以 4.5 m 为半径的地面区域、顶部空间属于爆炸危险环境 2 区。（ √ ）

154. 氢气站从室外制氢设备、氢气罐的边沿计算，距离为 4.5 m，顶部距离为 7.5 m 的空间区域属于爆炸危险环境 1 区。（ × ）

155. 氢气站从室外制氢设备、氢气罐的氢气排放口计算，半径为 4.5 m 的空间和顶部距离为 7.5 m 的区域属于爆炸危险环境 2 区。（ √ ）

156. 爆炸危险环境 20 区应为空气中的可燃性粉尘云持续地或长期地或频繁地出现于爆炸性环境中的区域。（ √ ）

157. 粉尘云连续生成的管道、生产和处理设备的内部区域属于爆炸危险环境 20 区。（ √ ）

158. 不持续存在爆炸性粉尘环境的粉尘容器外部属于爆炸危险环境 20 区。（ × ）

159. 爆炸危险环境 21 区应为在正常运行时，空气中的可燃性粉尘云很可能偶尔出现于爆炸性环境中的区域。（ √ ）

160. 当粉尘容器内部出现爆炸性粉尘/空气混合物时，为了操作而频繁移动或打开最邻近进出门的粉尘容器外部场所属于爆炸危险环境 21 区。（ √ ）

161. 当未采取防止爆炸性粉尘/空气混合物形成的措施时，在最接近装料和卸料点、送料皮带、皮带卸载点等的粉尘容器外部场所属于爆炸危险环境 21 区。（ √ ）

162. 如果粉尘堆积且由于工艺操作，粉尘层可能被扰动而不形成爆炸性粉尘/空气混合物时，粉尘容器外部场所属于爆炸危险环境 21 区。（ × ）

163. 可能出现爆炸性粉尘云（当时既不持续，也不长时间，又不经常）的粉尘容器内部场所属于爆炸危险环境 21 区。（ √ ）

164. 发生炉煤气站的焦油泵房和焦油库属于爆炸危险环境 21 区。（ √ ）

165. 爆炸危险环境 22 区应为在正常运行时，空气中的可燃粉尘云一般不可能出现于爆炸性粉尘环境中的区域，即使出现，持续时间也是短暂的。（ √ ）

166. 来自集尘袋式过滤器通风孔的排气口，如果一旦出现故障，可能逸散出爆炸性粉尘/空气混合物属于爆炸危险环境 22 区。（ √ ）

167. 很少时间打开的设备附近场所，或根据经验由于高于环境压力粉尘喷出而易形成泄漏的设备附近场所，如气动设备或挠性连接可能会损坏等的附近场所属于爆炸危险环境 22 区。（ √ ）

168. 装有很多粉状产品的储存袋，在操作期间，包袋可能破损，引起粉尘扩散属于爆炸危

险环境 2 区。(×)

169. 通常被划分为爆炸危险环境 21 区的场所,当采取措施时,包括排气通风,防止爆炸性粉尘环境形成时,可以降为爆炸危险环境 22 区场所。(√)

170. 投入使用后建筑物防雷装置的第一次检测可以不查看隐蔽工程纪录。(×)

171. 检查接闪器时,应检查接闪器与建筑物顶部外露的其他金属物的电气连接、与引下线的电气连接,屋面设施的等电位连接。(√)

172. 接闪器每个支持件能否承受 40 N 的垂直拉力。(×)

173. 首次检测时,宜检查接闪网的网格尺寸是否符合本标准要求。(×)

174. 首次检测时,应用经纬仪或测高仪和卷尺测量接闪器的高度、长度,建筑物的长、宽、高,并根据建筑物的长、宽、高用滚球法计算其保护范围。(×)

175. 首次检测时,可不对检测接闪器的材料、规格和尺寸进行检测。(×)

176. 在检查接闪器时,应检查接闪器上有无附着的其他电气线路。(√)

177. 首次检测时,应检查建筑物的防侧击雷保护措施是否符合 GB 50057—2010 的规定。(√)

178. 第一类防雷建筑物的独立接闪杆的杆塔、架空接闪线的端部和架空接闪网的各支柱处宜至少设一根引下线。(×)

179. 对用金属制成或有焊接、绑扎连接钢筋网的杆塔、支柱,宜利用其作为引下线。(√)

180. 第一类防雷建筑物防闪电感应时,金属屋面周边每隔 6 m 应采用引下线接地一次。(×)

181. 现场浇制的或由预制构架组成的钢筋混凝土屋面,其钢筋宜绑扎或焊接成闭合回路,并应每隔 18~24 m 采用引下线接地一次。(√)

182. 第二类防雷建筑物的专设引下线不宜少于 2 根,并应沿建筑物四周和内庭院四周均匀对称布置,其间距沿周长计算不应大于 18 m。(×)

183. 当建筑物的跨度较大,无法在跨距中间设引下线,应在跨距两端设引下线并减小其他引下线的间距。(√)

184. 当仅利用建筑物四周的钢柱或柱内钢筋作为引下线时,不可按跨度设引下线。(×)

185. 引下线与易燃材料的墙壁或墙体保温层间距应大于 0.3 m,当小于 0.3 m 时,引下线的横截面积应不小于 100 mm^2。(×)

186. 首次检测时,应用卷尺测量每相邻两根专设引下线之间的距离,记录专设引下线布置的总根数,每根专设引下线为一个检测点,按顺序编号检测。(√)

187. 首次检测时,应用目测每根专设引下线的规格尺寸。(×)

188. 检测每根专设引下线与接闪器的电气连接性能,其过渡电阻不应大于 0.3 Ω。(×)

189. 检查专设引下线的断接卡的设置是否符合 GB 50057—2010 的规定。测量接地电阻时,每年至少应断开断接卡一次。(√)

解析:GB/T 21431—2015《建筑物防雷装置检测技术规范》第 5.3.2.7 条。

190. 专设引下线与环形接地体相连,测量接地电阻时,可不断开断接卡。(√)

191. 采用仪器测量专设引下线接地端与接地体的电气连接性能,其过渡电阻应不大于 0.2 Ω。(√)

192. 当互相邻近的建筑物之间有电力和通信电缆连通时,不宜将其接地装置互相连

接。(×)

193. 首次检测时,应检查相邻接地体在未进行等电位连接时的地中距离。(√)

194. 测量两相邻接地装置的电气贯通情况不应采用毫欧表。(×)

195. 接地装置的工频接地电阻值测量常用三极法和接地电阻表法,其测得的值为冲击接地电阻值。(×)

196. 测量大型接地地网(如变电站、发电厂的接地地网)时,宜选用大电流接地电阻测试仪。(×)

197. 使用接地电阻表(仪)进行接地电阻值测量时,宜按选用仪器的要求进行操作。(×)

198. 建筑物的屋顶金属表面、立面金属表面、混凝土内钢筋和金属门窗框架等大尺寸金属件等宜等电位连接在一起,并与防雷接地装置相连。(×)

199. 屏蔽电缆的金属屏蔽层宜两端接地,并宜在各防雷区交界处做等电位连接,并与防雷接地装置相连。(×)

200. 屏蔽电缆的金属屏蔽层如要求一端接地的情况下,应采取两层屏蔽,外屏蔽层应两端接地。(√)

201. 建筑物之间用于敷设非屏蔽电缆的金属管道、金属格栅或钢筋成格栅形的混凝土管道,两端应电气贯通,且两端应与各自建筑物的等电位连接带连接。(√)

202. 屏蔽材料不宜选用钢材或铜材。(×)

203. 屏蔽材料选用板材时,其厚度宜为 0.3～0.5 mm。(√)

204. 总等电位连接带的检测,应检查由 LPZ0 区到 LPZ1 区的总等电位连接状况,如其已实现与防雷接地装置的一处以上连接,应进一步检查连接质量,连接导体的材料和尺寸。(×)

205. 第一类防雷建筑物外架空金属管道的检测,应检查架空金属管道进入建筑物前是否每隔 20 m 接地一次。(×)

206. 建筑物内竖直敷设的金属管道及金属物的检测,应检查建筑物内竖直敷设的金属管道及金属物与建筑物内钢筋就近不少于两处的连接。(√)

207. 进入建筑物的外来导电物连接的检测,应检查所有进入建筑物的外来导电物是否在 LPZ0 区与 LPZ1 区界面处与总等电位连接带连接。(√)

208. 穿过各后续防雷区界面处导电物连接的检测,宜检查所有穿过各后续防雷区界面处导电物是否在界面处与建筑物内的钢筋或等电位连接预留板连接。(×)

209. 电子设备等电位连接的检测,应检查电子设备与建筑物共用接地系统的连接。(√)

210. 等电位连接的过渡电阻的测试采用空载电压 4～24 V,最小电流为 0.2 A 的测试仪器进行测量。(√)

211. 等电位连接位置宜在各防雷区的交界处。(×)

212. SPD 安装的位置应在各防雷区的交界处。(√)

213. 当线路能承受预期的电涌电压时,SPD 可安装在被保护设备处。(√)

214. SPD 宜能承受预期通过它们的雷电流。(×)

215. SPD 应具有通过电涌时的电压保护水平和有熄灭工频续流的能力。(√)

216. 当电源采用 TN 系统时,从建筑物总配电盘(箱)开始引出的供电给本建筑物内的配电线路和分支线路应采用 TN-C 系统。(×)

217. 电源 SPD 的有效电压保护水平 U_p/f 应低于被保护设备的耐冲击过电压额定值

U_w。(√)

218. 在 $LPZ0_A$ 与 LPZ1 区交界处，在从室外引来的线路上安装的 SPD 应选用符合Ⅰ级试验的电涌保护器。(√)

219. 当雷击架空线路且架空线使用金属材料杆(含钢筋混凝土杆)并采取接地措施或雷击线路附近时，SPD1 可选用Ⅱ级和Ⅲ级试验的产品。(√)

220. 在 LPZ1 区与 LPZ2 区交界处，分配电盘处或 UPS 前端宜安装第二级 SPD，其标称放电电流 I_n 不应小于 15 kA(8/20 μs)。(×)

221. 当 SPD 具有能量自动配合功能时，SPD 之间的线路长度不受限制。(√)

222. 安装在电路上的 SPD，其后端宜有后备保护装置。(×)

223. 后备保护装置如使用熔断器，其值宜与主电路上的熔断器电流值相配合。(×)

224. SPD 如有通过声、光报警或遥信功能的状态指示器，应检查 SPD 的运行状态和指示器的功能。(√)

225. 连接导体应符合相线采用黄、绿、红色，中性线用浅绿色，保护线用蓝/黄双色线的要求。(×)

226. 连接于电信和信号网络的 SPD 其电压保护水平 U_p 和通过的电流 I_p 应低于被保护的电子设备的耐受水平。(√)

227. 网络入口处通信系统的 SPD 宜满足通信系统传输特性。(×)

228. SPD 运行期间，会因长时间工作或因处在恶劣环境中而老化，也可能因受雷击电涌而引起性能下降、失效等故障，因此需不定期进行检查。(×)

229. 用 N-PE 环路电阻测试仪，测试从总配电盘(箱)引出的分支线路上的中性线(N)与保护线(PE)之间的阻值，确认线路为 TN-C 或 TN-C-S 或 TN-S 或 TT 或 IT 系统。(√)

230. 对 SPD 进行外观检查时，主要检查 SPD 的表面应平整、光洁、无划伤。(×)

231. SPD 泄漏电流的测试仪适用于以金属氧化物压敏电阻(MOV)为限压元件且无其他串并联元件的 SPD。(√)

232. SPD 泄漏电流的测试可使用防雷元件测试仪或泄漏电流测试表对 SPD 的泄漏电流 Iie 值进行测量。(√)

233. SPD 泄漏电流的测试可直接用仪表测量对应的模块，或者取下可插拔式 SPD 的模块或将 SPD 从线路上拆下进行测量。(×)

234. SPD 压敏电压 U_1 mA 的测试仪适用于以金属氧化物压敏电阻(MOV)为限压元件且无串并联其他元件的 SPD。(√)

235. SPD 的绝缘电阻测试仪对 SPD 所有接线端与 SPD 壳体间进行测量。(√)

236. 检测土壤电阻率和接地电阻值宜在非雨天和土壤未冻结时进行。(√)

237. 检测作业时宜具备保障检测人员和设备的安全防护措施。(×)

238. 检测作业时遇雷雨天宜停止检测。(×)

239. 检测作业时检测仪表、工具等不能放置在高处，防止坠落伤人。(√)

240. 检测作业时应使用检定合格的检测仪器。(×)

241. 检测时，接地电阻测试仪的接地引线和其他导线应避开高、低压供电线路。(√)

242. 现场检测时，宜严格遵守受检单位规章制度和安全操作规程。(×)

243. 防雷装置检测前应对使用仪器仪表和测量工具进行检查，保证其能正常使用。(×)

244. 对受检单位的定期检测，应查阅上次检测的记录，并现场勘查受检单位防雷装置有无变化。（ √ ）

245. 在受检单位防雷装置无较大变化时，可不进行建筑物的防雷分类、接闪器保护范围、防雷分区的划分和雷击电磁脉冲屏蔽项的检测。（ √ ）

246. 现场检测时宜按先检测内部防雷装置，后检测外部防雷装置的顺序进行，将检测结果填入防雷装置检测原始记录表。（ × ）

247. 原始记录表应有检测人员签名。（ × ）

248. 原始记录表应作为用户档案保存两年。（ √ ）

249. 首次检测宜绘制建筑物防雷装置平面示意图，定期检测时宜进行补充或修改。（ × ）

250. 检测结果用数值修约比较法将经计算或整理的各项检测结果与相应的技术要求进行比较，判定各检测项目是否合格。（ √ ）

251. 检测报告经检测员和校核员签字后，经技术负责人签发，即可给被检单位。（ × ）

252. 检测报告不少于三份，一份送受检单位，一份由检测单位存档，一份送主管部门存档。（ × ）

253. 检测报告存档应有纸质和计算机存档两种形式。（ √ ）

254. 土壤电阻率是土壤的一种基本物理特性，是土壤在单位体积内的正方体相对两面间在一定电压作用下，对电流的导电性能。（ × ）

255. 土壤电阻率随深度变化较横向变化要大很多。（ √ ）

256. GB/T 21431—2015《建筑物防雷装置检测技术规范》只对接地装置所在的上层（几米以内）土壤层进行测量，不考虑土壤电阻率的深层变化。（ √ ）

257. 在采用四点法测量土壤电阻率时，试验电极应选用钢接地棒，也可使用螺纹杆。（ × ）

258. 在采用四点法测量土壤电阻率时，在多岩石的土壤地带，宜将接地棒按与铅垂方向成一定角度斜行打入，倾斜的接地棒应躲开石头的顶部。（ × ）

259. 在采用四点法测量土壤电阻率时，试验引线应选用挠性引线，以适用多次卷绕。（ √ ）

260. 在采用四点法测量土壤电阻率时，引线的绝缘应不因低温而冻硬或皲裂。（ √ ）

261. 在采用四点法测量土壤电阻率时，引线的阻抗应较高。（ × ）

262. 在采用四点法测量土壤电阻率时，对于一般的土壤，因需把钢接地棒打入较深的土壤，宜选用 2～4 kg 重量的手锤。（ √ ）

263. 在采用四点法测量土壤电阻率时，为避免地下埋设的金属物对测量造成的干扰，在了解地下金属物位置的情况下，可将接地棒排列方向与地下金属物（管道）走向呈平行状态。（ × ）

264. 在采用四点法测量土壤电阻率时，为避免地下埋设的金属物对测量造成的干扰，在了解地下金属物位置的情况下，可将接地棒排列方向与地下金属物（管道）走向呈垂直状态。（ √ ）

265. 土壤电阻率宜在干燥季节或天气晴朗多日后进行土壤电阻率测量。（ × ）

266. 三极法测量接地电阻值时，当被测接地装置的面积较大而土壤电阻率不均匀时，为了得到较可信的测试结果，宜将电流极离被测接地装置的距离缩小，同时电压极离被测接地装

置的距离也相应地缩小。(×)

267. 当引下线暗敷且未设断接卡而与接地装置直接连接时，不可在引下线与接地装置不断开的情况下对防雷装置电气通路和工频接地电阻值进行检测。(×)

268. 用三极法测量时，三极(G、P、C)应在一条直线上且垂直于地网，应避免平行布置。(√)

269. 当地网带电影响检测时，应查明地网带电原因，在解决带电问题之后测量，或改变检测位置进行测量。(√)

270. GB/T 2887 和 GB 50174 中规定，电子计算机机房内磁场干扰环境场强不应大于 500 A/m。(×)

271. 由于雷击电磁脉冲的干扰，对计算机而言，在无屏蔽状态下，当环境磁场感应强度大于 0.07 GS 时，计算机会误动作。(√)

272. 当环境磁场感应强度大于 2.0 GS(191 A/m)时，设备会发生永久性损坏。(×)

273. 在 GB/T 21431—2015《建筑物防雷装置检测技术规范》中，绝缘电阻测试主要用于采用 S 型连接网络时，除在接地基准点(ERP)外，是否达到规定的绝缘要求和 SPD 的绝缘电阻测试要求。(√)

274. N-PE 环路电阻测试仪不仅可应用于低压配电系统接地型式的判定，也可用于等电位连接网络有效性的测试。(√)

275. DB31/T 389—2015《防雷装置安全检测技术规范》于 2015 年 10 月 1 日实施。(√)

276. DB31/T 389—2015《防雷装置安全检测技术规范》于 2015 年 5 月 1 日发布。(×)

277. DB31/T 389—2015《防雷装置安全检测技术规范》适用于建筑物防雷装置的安全检测。(×)

278. 接闪器的锈蚀残存截面积应不小于 2/3。(√)

279. 接闪带应平整顺直。接闪带跨越变形缝、伸缩缝宜有补偿措施。(×)

280. 当利用金属构件、金属管道做接地引下线时，应在构件或管道与接地干线间焊接金属跨接线，确保电气贯通。(√)

281. 采用埋于土壤中的人工接地体时应设断接卡，其上端应与连接板或钢柱焊接。连接板处宜有明显标志。(×)

282. 可采用目测法测量引下线的实际尺寸，计算有效残存截面积。(×)

283. 可采用目测法检查接地装置的填土有无沉陷情况。(√)

284. 建筑物之间用于敷设非屏蔽电缆的金属管道、金属格栅或钢筋成格栅形的混凝土管道，两端应电气贯通，且两端宜与各自建筑物的等电位连接带连接。(×)

285. 通信、安保、金融、医疗、消防等电子系统与外界联网的设备端口宜安装 SPD。(×)

286. 天馈线路和信号线路在 $LPZ0_A$ 或 $LPZ0_B$ 与 LPZ1 区的交界处应安装 SPD。(√)

287. 电梯机房、计算机机房、监控机房等电气电子系统配电箱宜安装 SPD。(×)

288. 在 $LPZ0_A$ 或 $LPZ0_B$ 与 LPZ1 区的界面处所安装的低压电源 SPD 应选用通过 Ⅰ 级分类试验或 Ⅱ 级分类试验(限压型)的 SPD。(√)

289. 在 LPZ1 区与 LPZ2 区交界处不可选用经Ⅱ级或Ⅲ级分类试验的产品的 SPD。(×)

290. 分配电盘处或 UPS 前端安装的 SPD 可选用经 Ⅱ 级或 Ⅲ 级分类试验的产品。(√)

291. 在重要的终端设备或精密敏感设备处安装的 SPD 可选用经 Ⅰ 级分类试验的产

品。（ × ）

292.《防雷装置检测服务规范》规定了防雷装置检测的服务流程、质量控制、环境、安全、设备、档案管理等方面的要求。（ √ ）

293.《防雷装置检测服务规范》仅适用于新建项目的防雷装置检测。（ × ）

294.《防雷装置检测服务规范》于 2017 年 1 月 1 日实施。（×）

295.《防雷装置检测服务规范》于 2016 年 8 月 29 日发布。（ √ ）

296. 依法取得防雷装置检测资质，独立开展防雷装置检测工作的单位。（ √ ）

297. 安全交底是现场作业前，检测人员就安全事项进行的沟通和交流。（ × ）

298. 技术交底是现场作业前，检测组长将检测项目、检测方法、技术标准等向组员进行的交待。（ √ ）

299. 检测原始记录是检测人员在防雷装置检测过程中获取的反映防雷装置现状的资料。（ √ ）

300. 检测报告是依据检测原始记录，出具的防雷装置安全性能报告书。（ × ）

301. 质量回访是检测机构请检测服务对象对其提供的服务进行质量征询和评价的过程。（ √ ）

302. 检修服务流程应包括业务受理、现场检测、综合分析、报告签发等。（ × ）

303. 签收制度是服务流程中资料的流转应设置签收制度，以明确责任。（ √ ）

304. 时限控制是服务流程的每个环节应设置时限，并加以控制，确保业务总时限在可控范围内。（ √ ）

305. 改进机制是定期对服务流程的设置进行改进。（ × ）

306. 检测机构应有灵活的业务受理场所。（ × ）

307. 首次检测，宜进行现场勘查并制定检测方案。（ × ）

308. 检测前，应与受检单位签订防雷装置检测服务协议。（ × ）

309. 检测方案应作为合同附件之一列入检测服务合同。（ √ ）

310. 检测前，检测负责人宜就现场作业方案与受检单位做好沟通。（ × ）

311. 检测前，检测负责人应进行安全交底和技术交底。（ √ ）

312. 检测人员在约定时间内完成现场检测后，检测原始记录交给受检单位签字确认。（ √ ）

313. 检测人员对检测原始记录分析处理，并按实际情况进行符合性判定。（ × ）

314. 检测人员对于检测不符合项，拟定存在问题意见书。（ √ ）

315. 审核人员应对检测原始记录和存在问题意见书进行复审。（ √ ）

316. 授权签字人应对检测报告进行初审，并签发。（ × ）

317. 检测原始记录和检测报告宜一并存档。（ × ）

318. 受检单位遗失检测报告后，检测机构可根据其需要补发检测报告。（ √ ）

319. 检测机构应建立工作质量和服务质量管理目标，并制定监督检查制度。（ √ ）

320. 检测机构宜设立质量管理部门或岗位。（ × ）

321. 检测机构宜制定监督检查制度。（ × ）

322. 检测机构应对监督发现的问题进行统计分析，提出改进建议。（ √ ）

323. 检测机构宜及时纠正质量监督过程中发现的错误，并查找错误原因。（ × ）

324. 检测机构应设立用户投诉处理制度。(√)

325. 检测机构针对用户提出的合理化建议应采取有效的改进措施,提高服务质量。(√)

326. 对检测数据分析处理过程中发现的可疑数据,检测机构宜安排质量监督员现场复测。(×)

327. 检测机构宜安排质量监督员对检测人员完成的检测项目按一定比例进行复测。(×)

328. 检测机构应安排质量监督员对检测人员完成的检测原始记录按一定比例进行检查。(√)

329. 检测机构宜安排质量监督员对检测人员完成的检测报告按一定比例进行检查。(×)

330. 检测机构应制定服务质量回访制度,对检测人员的服务质量进行回访。(√)

331. 检测机构宜配备受理用户投诉的人员。(×)

332. 用户投诉检测机构如属实,检测机构宜向用户致歉并及时改进。(×)

333. 相关法律法规、技术规范、标准有要求或环境对检测结果有影响时,应监测、控制和记录环境条件。(√)

334. 当环境条件不符合检测要求时,宜立即停止检测,干扰因素消除后,重新进行检测。(×)

335. 现场检测环境应能满足仪器设备的使用要求。(√)

336. 对于不相容活动的相邻区域宜进行有效隔离或采取措施防止交叉影响,避免对检测结果造成影响。(×)

337. 遇高温、雷电天气时,应停止检测。(√)

338. 雨雪、冰雹、霜冻、6 级风应停止检测。(×)

339. 在土壤结冻时不宜测量土壤电阻率或接地电阻值。(√)

340. 雨后土壤较湿时宜测量土壤电阻率或接地电阻值。(×)

341. 检测机构安全员宜取得相应的资格证书。(√)

342. 检测机构宜制订安全培训计划,对员工进行各类岗位安全培训,并对培训结果进行检查与考核。(×)

343. 检测机构宜配备安全帽等安全防护用品,并监督检测人员使用。(×)

344. 进行特种作业的检测人员应按照国家有关规定,经专门的安全作业培训,取得特种作业人员证书才能上岗。(√)

345. 检测人员在检测现场发生生产安全事故时,应严格按公司有关生产安全事故报告的规定。(×)

346. 检测机构宜制定检测人员安全作业操作规程,并严格执行。(×)

347. 现场作业前,现场检测负责人应做好安全交底,并且经检测人员签字认可。(√)

348. 现场作业前,检测人员应确认安全防护用品或其他安全装备处于良好状况,并正确佩戴使用。(√)

349. 高处作业应执行公司制定的高处作业相关规定。(×)

350. 检测机构宜制定对现场检测人员进行安全检查的制度。(×)

351. 检测机构应安排安全员按照《防雷装置检测服务规范》的要求对检测人员进行现场

安全检查。（√）

352. 现场检查中发现安全隐患时，安全员应要求检测人员停止工作，待整改完成后才能继续检测。（√）

353. 检测机构宜制定仪器设备的操作、维修和保养规程。（×）

354. 检测机构应建立对检测结果具有重要影响设备的档案。（√）

355. 检测设备应按要求进行检定、校准或比对。（√）

356. 检测设备宜有明显的标识来表明其状态，按标识使用。（×）

357. 检测设备的精度宜满足检测标准的要求。（×）

358. 现场作业前，检测人员宜确定检测设备处于检定或校准有效期内。（×）

359. 检测人员应严格按照检测设备的操作规程进行操作。（√）

360. 检测设备的各类标识宜保持完整、清晰。（×）

361. 检测设备应进行现场自校，保证检测数据准确。（√）

362. 检测前后都应对所用仪器设备进行检查，以确认检测仪器在检测过程中的有效性。（√）

363. 检测时及检测后发现仪器设备有故障，宜立即报告技术负责人，并对已测数据进行分析，对检测结果的有效性作出判定。（×）

364. 检测机构宜制定对档案进行管理的制度，并严格执行。（×）

365. 检测机构应对员工、管理文件、检测设备、原始记录、检测报告等建立档案。（√）

366. 检测机构应明确各类档案的保密范围和措施。（√）

367. 新(改、扩)建项目检测技术档案的保管期限为永久。（√）

368.《防雷装置检测服务规范》规定定期检测技术档案的保管期限至少为 3 年。（×）

369. 档案应统一编号，连续编页，有卷内目录，查阅、出借、复制、销毁档案需经检测机构技术负责人审批并做好登记。（×）

370. 爆炸和火灾场所宜使用防爆检测设备和防爆对讲机。（×）

371. 检测人员应充分了解标识状态，当标识模糊、过期、脱落，应与设备管理员联系。（√）

372. 做好仪器设备使用前后状态的记录，检测时按仪器设备作业指导书操作。（√）

373. 进入检测现场，组长应与用户单位有关人员进行联系，得到认可后，按与用户单位协商制定的现场作业方案进行检测。（√）

374. 现场检测时一般按先检测外部防雷装置，后检测内部防雷装置的顺序进行。（√）

375. 每一项检测需要有 2 人以上共同进行，每一个检测点的检测数据直接填入原始记录表。（×）

376. 首次检测应测量现场建(构)筑物的几何尺寸，反映各建筑物的相对位置。（×）

377. 电子信息系统检测要求应符合 GB 50343 的规定。（√）

378. 加油加气站、油罐的检测应符合相关技术标准的规定。（√）

379. 水塔、烟囱、共用天线的检测宜符合相关技术标准的规定。（×）

380. 微波站、电视台、广播发射台的检测宜符合相关技术标准的规定。（×）

381. 露天可燃气体贮罐(柜)的检测应符合相关技术标准的规定。（√）

382. 检测人员宜将各项检测结果与相应的技术要求进行比较，判定各检测项目是否合

格。(×)

383. 检测结束后宜填写《检测服务质量征询单》,以便于检测服务质量回访。(×)

384. 存在问题意见书的内容应与用户单位有关人员沟通。(√)

385. 新建项目的防雷检测应分为基础检测和竣工检测。(×)

386. 基础检测包括水平接地体和垂直接地体检测。(×)

387. 检测作业应在确保人身安全和作业安全的条件下进行。(√)

388. 进入检测现场,检测人员宜采取安全防护措施,穿戴工作服、工作鞋、安全帽、手套等。(×)

389. 检测作业时应严格遵守公司的规章制度和安全操作规定。(×)

390. 进入石油、化工等危险化学品场所,宜事先向用户单位有关人员了解防护注意事项,不应擅自进入。(×)

391. 进入制药等存在有毒、有害物质的危险化学品场所,应事先向用户单位有关人员了解防护注意事项,不应擅自进入。(√)

392. 进入配电间时,检测人员不应少于两人,且应由用户单位派专人陪同。(√)

393. 进入电子信息系统机房等特殊场所检测时,检测人员不应少于两人,宜由用户单位派专人陪同。(×)

394. 检测工作现场不应吸烟。(√)

395. 当需要对被测物进行开启、移动、分离等操作时,应向陪同人员说明操作意图,在征得同意后方可进行。(√)

396. 在整个现场检测过程中,检测员要相互关注对方的操作,及时提醒应注意的步骤和环节。(√)

397. 在对低压配电间、柜、箱、盒等存在裸露带电导体的空间进行检测时,宜穿戴绝缘鞋、绝缘手套等,并使用绝缘垫、遮拦物等。(√)

398. 任何电气线路、设备未经检测员本人验电一律视为有电,不应触及。(√)

399. 任何电气线路、设备需接触操作时,宜先切断该电源。(×)

400. 涉电场所操作时要避免身体触及任何金属物。(√)

401. 测试电源 SPD 性能时,宜切断 SPD 前端过流保护器并验电。(×)

402. 检测时暂时拆除的电气设备的导线端宜用绝缘胶布包好。(×)

403. 涉电场所工作完毕,检测人员应检查、清理、恢复现场。(√)

404. 爆炸危险场所检测应使用防爆检测设备和防爆对讲机。(√)

405. 火灾危险场所检测宜使用防爆检测设备和防爆对讲机。(×)

406. 危险化学品场所检测宜使用防爆检测设备和防爆对讲机。(×)

407. 火灾危险场所检测不应穿化纤服装,禁止穿钉子鞋。(√)

408. 危险化学品场所检测不宜穿化纤服装,禁止穿钉子鞋。(×)

409. 爆炸危险场所检测不宜穿化纤服装,禁止穿钉子鞋。(×)

410. 爆炸、火灾和危险化学品场所不应携带火种,关闭手机。(√)

411. 爆炸危险场所检测不应随意敲打金属物,场区内打桩应使用橡胶或木质榔头。(√)

412. 火灾危险场所检测不宜随意敲打金属物,场区内打桩应使用橡胶或木质榔头。(×)

413. 危险化学品场所检测不应随意敲打金属物,场区内打桩宜使用橡胶或木质榔

头。(×)

414. 爆炸、火灾危险场所检测时,当使用锉刀除锈或清除表层覆盖物时,锉刀应紧贴被检对象(除罐壁或管壁外)缓慢推拉,刀口应尽可能小。(√)

415. 危险化学品场所检测时,当使用锉刀除锈或清除表层覆盖物时,锉刀宜紧贴被检对象(除罐壁或管壁外)缓慢推拉,刀口应尽可能小。(×)

416. 检测时,在屋面作业宜两人或两人以上,互相提醒、协助。(×)

417. 屋面检测时,检测工具应放置于工具包内,对讲机应安全佩戴。(√)

418. 屋面检测时,检测人员宜从规定的通道行走。(×)

419. 屋面作业时,可使用吊车、卷扬机和铲车等运送检测人员。(×)

420. 屋面作业时,在隔热层上行走时,不应当以隔热层的支撑点为落脚点。(×)

421. 爆炸、火灾和危险化学品场所测试时,测试线应与被测对象紧密接触后再开始测试,每点测试结束后应使仪器退出测试状态。(√)

422. 检测时应遵守仪器操作规程,每一个测试点检测完毕,接地电阻测试仪的测试键应及时复位。(√)

423. 彩钢板、木板、玻璃等承重能力差的材料组成的屋面上不宜站立、行走。(×)

424. 屋面作业时,检测人员不应攀爬无栏杆或女儿墙保护的斜屋面。(√)

425. 屋面作业时,检测人员不宜直立于女儿墙、屋檐上作业。(×)

426. 屋面作业时,检测工具及工具包不宜放置于女儿墙或屋檐上。(×)

427. 屋面作业时,不应接打移动电话。(√)

428. 屋面作业时,传递物件不宜抛掷。(×)

429. 登高作业宜佩戴安全带。(×)

430. 安全带的挂钩应挂在结实牢固的构件上。(√)

431. 安全带宜有双保险,同时宜采用高挂低用的方式。(×)

432. 不应将安全带系挂在移动的物体上。(√)

433. 登高前宜检查安全带有无变质破损现象。(×)

434. 登高前宜检查安全带有无试验合格标签及标签是否有效期内。(√)

435. 攀登固定式直爬梯时,应当预先确认爬梯的埋设和焊接牢固。(√)

436. 使用临时扶梯宜有专人在扶梯下端保护。(×)

437. 临时扶梯底部要坚实,不应垫高使用,如果底端放在平滑的地面,应该采取防滑措施。(√)

438. 上下扶梯时,不宜两人或两人以上同时攀爬。(×)

439. 上下梯子时,人应面向梯子,不可手持器物。(√)

440. 检测线的布放路径宜远离所有架空布设的高、低压电源线缆及其他不明线缆。(×)

441. 检测线的布放应充分考虑风向、风速等因素对放线路径的影响。(√)

442. 检测线的布放路径应在屋面或者地面检测人员的视野范围内。(×)

443. 检测线的布放时,如果有下层平台或建筑物,应到下层查明情况,布放检测线时分段操作,上下接应,不应盲目作业。(√)

444. 检测线的布放时,宜避开车辆、行人的通道和出入口。(×)

445. 布放检测线时,检测人员应靠近女儿墙,使检测线沿建筑物外墙快速下放,不应抛

放。(×)

446. 布放检测线时，地面或者下层工作人员应当注意观察，协调指挥，发现情况立即叫停。(√)

447. 布放检测线时，检测线到达地面或者下层后，地面或者下层工作人员应当及时接应，及时叫停。(√)

448. 布放检测线时，屋面检测人员应当与地面或者下层工作人员密切配合，使检测线垂直段沿建筑物外墙布设，不宜凌空斜拉，检测线垂直段的上下两端应当固定。(×)

449. 布放检测线时，检测线水平段应紧贴地面或建筑物屋面，若影响行人经过，宜设置警告标志。(×)

450. 收检测线时，首先由地面或者下层工作人员将检测线的水平部分收拢，再通知屋面检测人员收线，地面或者下层工作人员应当注意观察，协调指挥，发现情况立即叫停。(√)

451. 打桩前，检测人员应向用户单位了解被检建筑物周围电力、通信、燃气等管线的分布情况，详细勘察作业区域及周边环境，注意各种警告标志。(√)

452. 打桩时遇有不明障碍物宜停止作业，另选合适位置打桩。(×)

453. 电源浪涌保护器安装的数量(级数)，应根据被保护设备的抗扰度和雷电防护分级确定。(√)

454. 接地装置的电阻值必须按接入设备中要求的最小值确定。(√)

455. 弱电系统的埋地电缆长度不小于 15 m，即符合技术要求。(×)

456. 10/350 μs 是首次雷击电流波，1.2/50 μs、8/20 μs 是后续电流波。(√)

457. 有一条电缆敷设高度达到 9 m，其与引下线交叉间距达到 0.35 m，符合技术要求。(×)

458. 一类防雷建筑物首次雷击雷电流 200 kA，对应的滚球半径 h_r 为 30 m。(√)

459. 防雷装置是指用于对建筑物进行雷电防护的整套装置，由外部防雷装置和内部防雷装置组成。(√)

460. 外部防雷装置是指用于防护直击雷的防雷装置，由接闪器、引下线和接地装置组成。(√)

461. 内部防雷装置是指用于减小雷电流在所需防护空间内产生的电磁效应的防雷装置，由屏蔽导体、等电位连接件、接地装置和电涌保护器等组成。(×)

462. 接地体是指埋入土壤或混凝土基础中作接地用的导体。(×)

463. 接地线是指从引下线断接卡或测试点至接地体的连接导体，或从接地端子、等电位连接带至引下线的连接导体。(×)

464. 共用接地系统是指将防雷装置、建筑物基础金属构件、低压配电保护线、设备保护接地，屏蔽体接地、防静电接地和信息技术设备逻辑地等分别连接的接地系统。(×)

465. 电涌保护器是指用于限制瞬态过电压和分泄电涌电流的器件。至少含有二个非线性元件。(×)

466. 后备过电流保护装置是指位于电涌保护器外部的后端，作为电气装置的一部分的过电流保护装置。(×)

467. 内部系统是指建筑物内的电气和电子系统。(√)

468. 电气系统是指由高低压供电组合部件构成的系统。(×)

469. 电子系统是指由通信设备、计算机、控制和仪表系统、无线电系统和电力电子装置构成的系统。（√）

470. 检验批是指按同一的生产条件或规定的方式汇总起来供检验用的，由全部的数量样本组成的检验体。（×）

471. 主控项目是指建筑工程中对卫生、环境保护和公众利益起决定性作用的检验项目。（×）

472. 一般项目是指除主控项目以外的检验项目。（√）

473. GB 50057—2010《建筑物防雷设计规范》适用于新建建(构)筑物的防雷设计。（×）

474. 外部防雷装置由接闪杆、接闪带、接闪线、接闪网以及金属屋面组成。（×）

475. 引下线用于将雷电流从接闪器传导至接地装置的导体。（√）

476. 接地线从引下线断接卡或换线处至接地体的连接导体。（√）

477. 等电位连接网络是将建(构)筑物和建(构)筑物内系统(带电导体除外)的所有导电性物体互相连接组成的一个网。（√）

478. 接地系统是将设备的金属外壳和接地装置连在一起的整个系统。（×）

479. 防雷区是划分雷击电磁环境的区，一个防雷区的区界面不一定要有实物界面，如不一定要有墙壁、地板或天花板作为区界面。（√）

480. 电气系统由高低压供电组合部件构成的系统。也称低压配电系统或低压配电线路。（×）

481. 电涌保护器是用于限制瞬态过电压和分泄电涌电流的器件。它至少含有一个非线性元件。（√）

482. 在可能发生对地闪击的地区，凡制造火炸药及其制品的危险建筑物，因电火花而引起爆炸、爆轰，会造成巨大破坏和人身伤亡者，应划为第一类防雷建筑物。（√）

483. 在可能发生对地闪击的地区，贮存火炸药及其制品的危险建筑物，因电火花而引起爆炸、爆轰，会造成巨大破坏和人身伤亡者，应划为第二类防雷建筑物。（×）

484. 在可能发生对地闪击的地区，使用火炸药及其制品的危险建筑物，因电火花而引起爆炸、爆轰，会造成巨大破坏和人身伤亡者，应划为第一类防雷建筑物。（√）

485. 在可能发生对地闪击的地区，具有 0 区或爆炸危险场所的建筑物，应划为第一类防雷建筑物。（√）

486. 在可能发生对地闪击的地区，具有 1 区爆炸危险场所的建筑物，因电火花而引起爆炸，会造成巨大破坏和人身伤亡者，应划为第一类防雷建筑物。（√）

487. 在可能发生对地闪击的地区，具有 21 区爆炸危险场所的建筑物，因电火花而引起爆炸，会造成巨大破坏和人身伤亡者，应划为第二类防雷建筑物。（×）

488. 在可能发生对地闪击的地区，具有 20 区爆炸危险场所的建筑物，应划为第二类防雷建筑物。（×）

489. 在可能发生对地闪击的地区，国家级重点文物保护的建筑物，应划为第一类防雷建筑物。（×）

490. 在可能发生对地闪击的地区，国家级的会堂、办公建筑物，应划为第二类防雷建筑物。（√）

491. 在可能发生对地闪击的地区，大型展览和博览建筑物，应划为第二类防雷建筑

物。(√)

492. 在可能发生对地闪击的地区,大型火车站和飞机场,应划为第一类防雷建筑物。(×)

493. 在可能发生对地闪击的地区,国宾馆、国家级档案馆,应划为第二类防雷建筑物。(√)

494. 在可能发生对地闪击的地区,大型城市的重要给水泵房等特别重要的建筑物,应划为第二类防雷建筑物。(√)

495. 在可能发生对地闪击的地区,国家级计算中心、国际通信枢纽等对国民经济有重要意义的建筑物,应划为第一类防雷建筑物。(×)

496. 在可能发生对地闪击的地区,国家特级和甲级大型体育馆,应划为第一类防雷建筑物。(×)

497. 在可能发生对地闪击的地区,制造火炸药及其制品的危险建筑物,且电火花不易引起爆炸或不致造成巨大破坏和人身伤亡者,应划为第一类防雷建筑物。(×)

498. 在可能发生对地闪击的地区,使用火炸药及其制品的危险建筑物,且电火花不易引起爆炸或不致造成巨大破坏和人身伤亡者,应划为第二类防雷建筑物。(√)

499. 在可能发生对地闪击的地区,贮存火炸药及其制品的危险建筑物,且电火花不易引起爆炸或不致造成巨大破坏和人身伤亡者,应划为第三类防雷建筑物。(×)

500. 在可能发生对地闪击的地区,具有1区爆炸危险场所的建筑物,且电火花不易引起爆炸或不致造成巨大破坏和人身伤亡者,应划为第三类防雷建筑物。(×)

501. 在可能发生对地闪击的地区,具有21区爆炸危险场所的建筑物,且电火花不易引起爆炸或不致造成巨大破坏和人身伤亡者,应划为第二类防雷建筑物。(√)

502. 在可能发生对地闪击的地区,具有2区或22区爆炸危险场所的建筑物,应划为第一类防雷建筑物。(×)

503. 在可能发生对地闪击的地区,有爆炸危险的露天钢质封闭气罐,应划为第一类防雷建筑物。(×)

504. 在可能发生对地闪击的地区,预计雷击次数大于0.05次/a的部、省级办公建筑物和其他重要或人员密集的公共建筑物以及火灾危险场所,应划为第二类防雷建筑物。(√)

505. 在可能发生对地闪击的地区,预计雷击次数大于0.05次/a的重要或人员密集的公共建筑物以及火灾危险场所,应划为第二类防雷建筑物。(√)

506. 在可能发生对地闪击的地区,预计雷击次数大于0.25次/a的住宅、办公楼等一般性民用建筑物,应划为第三类防雷建筑物。(×)

507. 在可能发生对地闪击的地区,预计雷击次数大于0.25次/a的一般性工业建筑物,应划为第二类防雷建筑物。(√)

508. 在可能发生对地闪击的地区,省级重点文物保护的建筑物及省级档案馆,应划为第三类防雷建筑物。(√)

509. 在可能发生对地闪击的地区,预计雷击次数大于或等于0.01次/a,且小于或等于0.05次/a的部、省级办公建筑物和其他重要或人员密集的公共建筑物,应划为第三类防雷建筑物。(√)

510. 在可能发生对地闪击的地区,预计雷击次数大于或等于0.01次/a,且小于或等于0.05次/a的火灾危险场所,应划为第二类防雷建筑物。(×)

511. 在可能发生对地闪击的地区,预计雷击次数大于或等于0.01次/a,且小于或等于

0.05 次/a 的重要或人员密集的公共建筑物，应划为第二类防雷建筑物。（ × ）

512. 在可能发生对地闪击的地区，预计雷击次数大于或等于 0.05 次/a，且小于或等于 0.25 次/a 的住宅、办公楼等一般性民用建筑物或一般性工业建筑物，应划为第三类防雷建筑物。（ √ ）

解析：GB 50057—2010《建筑物防雷设计规范》3.0.4 条。

513. 在可能发生对地闪击的地区，预计雷击次数大于或等于 0.05 次/a，且小于或等于 0.25 次/a 的一般性工业建筑物，应划为第二类防雷建筑物。（ × ）

514. 在可能发生对地闪击的地区，在平均雷暴日大于 15 d/a 的地区，高度在 15 m 及以上的烟囱、水塔等孤立的高耸建筑物，应划为第三类防雷建筑物。（ √ ）

515. 在平均雷暴日小于或等于 15 d/a 的地区，高度在 20 m 及以上的烟囱、水塔等孤立的高耸建筑物。应划为第二类防雷建筑物。（ × ）

516. 在可能发生对地闪击的地区，在平均雷暴日大于 15 d/a 的地区，高度在 15 m 及以下的烟囱、水塔等孤立的高耸建筑物，应划为第三类防雷建筑物。（ × ）

517. 在平均雷暴日小于或等于 15 d/a 的地区，高度在 20 m 及以下的烟囱、水塔等孤立的高耸建筑物。应划为第三类防雷建筑物。（ × ）

518. 各类防雷建筑物应设防直击雷的外部防雷装置，并应采取防闪电感应的措施。（ × ）

519. 第一类防雷建筑物排放爆炸危险气体、蒸气或粉尘的放散管、呼吸阀、排风管等，当其排放物达不到爆炸浓度、长期点火燃烧、一排放就点火燃烧，以及发生事故时排放物才达到爆炸浓度的通风管、安全阀，接闪器的保护范围应保护到管帽上方 5 m。（ × ）

520. 第一类防雷建筑物排放爆炸危险气体、蒸气或粉尘的放散管、呼吸阀、排风管等，当其排放物达不到爆炸浓度、长期点火燃烧、一排放就点火燃烧，以及发生事故时排放物才达到爆炸浓度的通风管、安全阀，无管帽时接闪器的保护范围应保护到管口。（ √ ）

521. 第一类防雷建筑物对用金属制成或有焊接、绑扎连接钢筋网的杆塔、支柱，不宜利用金属杆塔或钢筋网作为引下线。（ × ）

522. 第一类防雷建筑物防闪电感应时，建筑物内的设备、管道、构架、电缆金属外皮、钢屋架、钢窗等较大金属物，均宜接到防闪电感应的接地装置上。（ × ）

523. 第一类防雷建筑物防闪电感应时，突出屋面的放散管、风管等金属物，均应接到防闪电感应的接地装置上。（ √ ）

524. 第一类防雷建筑物防闪电感应时，预制构件组成的钢筋混凝土屋面，其钢筋网的交叉点应绑扎或焊接。（ √ ）

525. 第一类防雷建筑物防闪电感应时，现场浇灌的钢筋混凝土屋面，其钢筋网的交叉点不应绑扎或焊接。（ × ）

526. 第一类防雷建筑物防闪电感应时，当长金属物的弯头、阀门、法兰盘等连接处的过渡电阻大于 0.03 Ω 时，连接处宜用金属线跨接。（ × ）

527. 第一类防雷建筑物防闪电感应的接地装置不应与电气和电子系统的接地装置共用。（ × ）

528. 第一类防雷建筑物防闪电感应的接地装置与架空接闪网的接地装置之间的间隔距离不得小于 5 m。（ × ）

529. 第一类防雷建筑物防闪电电涌侵入时，架空线与建筑物的距离不应小于 15 m。（ √ ）

530. 第一类防雷建筑物防闪电电涌侵入时，电子系统的室外金属导体线路应全线采用有屏蔽层的电缆埋地或架空敷设。（ × ）

531. 第一类防雷建筑物防闪电电涌侵入时，架空金属管道，在进出建筑物处，应与防闪电感应的接地装置相连。（ √ ）

532. 第一类防雷建筑物防闪电电涌侵入时，埋地或地沟内的金属管道，在进出建筑物处必须等电位连接到等电位连接带或防闪电感应的接地装置上。（ × ）

533. 第一类防雷建筑物引下线应沿建筑物四周和内庭院四周均匀或对称布置。其间距沿周长计算不宜大于 12 m。（√）

534. 第一类防雷建筑物宜装设等电位连接环，所有引下线、建筑物的金属结构和金属设备均宜连到环上。（ × ）

535. 第一类防雷建筑物当建筑物高于 30 m 时，30 m 及以上外墙上的栏杆、门窗等较大的金属物宜与防雷装置连接。（ × ）

536. 第一类防雷建筑物在电源引入的总配电箱处宜装设Ⅰ级试验的电涌保护器。（ × ）

537. 第一类防雷建筑物当电子系统的室外线路采用金属线时，在其引入的终端箱处宜安装 D1 类高能量试验类型的电涌保护器。（ × ）

538. 第二类防雷建筑物外部防雷装置的专设接地装置宜围绕建筑物敷设成环形接地体。（ √ ）

539. 第二类防雷建筑物外部防雷装置的接地应和电子系统接地共用接地装置。（ √ ）

540. 第二类防雷建筑物外部防雷装置的接地不应和防闪电感应接地共用接地装置。（ × ）

541. 第二类防雷建筑物外部防雷装置的接地应和内部防雷装置接地共用接地装置，并不应与引入的金属管线做等电位连接。（ × ）

542. 敷设在混凝土中作为防雷装置的钢筋或圆钢，当有二根时，其直径不应小于 10 mm。（ × ）

543. 被利用作为防雷装置的混凝土构件内有箍筋连接的钢筋时，其截面积总和不应小于一根直径 10 mm 钢筋的截面积。（ √ ）

544. 共用接地装置的接地电阻应按 50 Hz 电气装置的接地电阻确定，不应大于按人身安全所确定的接地电阻值。（ √ ）

545. 具有 2 区爆炸危险场所的建筑物。建筑物内的设备、管道、构架等主要金属物，应就近接到防雷装置或共用接地装置上。（ √ ）

546. 高于 60 m 的第二类防雷建筑物，其上部占高度 20% 并超过 60 m 的部位应防侧击。（ √ ）

547. 有爆炸危险的露天钢质封闭气罐，当其高度小于或等于 60 m、罐顶壁厚不小于2 mm 时，可不装设接闪器，但应接地。（ × ）

548. 有爆炸危险的露天钢质封闭气罐，当其高度大于 60 m、罐顶壁厚和侧壁壁厚均不小于 3 mm 时，可不装设接闪器，但应接地。（ × ）

549. 当金属物或线路与引下线之间有混凝土墙、砖墙隔开时，其击穿强度应为空气击穿强度的 1/3。（ × ）

550. 高于 45 m 的第三类防雷建筑物，其上部占高度 20% 并超过 60 m 的部位应防侧

击。(×)

551. 砖烟囱宜在烟囱上装设接闪杆或接闪环保护。多支接闪杆应连接在闭合环上。(√)

552. 钢筋混凝土烟囱不应在烟囱上装设接闪杆或接闪环保护。(×)

553. 当非金属烟囱无法采用单支或双支接闪杆保护时,应在烟囱口装设环形接闪带,并应对称布置二支高出烟囱口不低于 0.5 m 的接闪杆。(×)

554. 钢筋混凝土烟囱的钢筋应在其顶部和底部与引下线和贯通连接的金属爬梯相连。(√)

555. 高度不超过 45 m 的烟囱,可只设一根引下线。(×)

556. 高度超过 45 m 的烟囱,应设两根引下线。(×)

557. 金属烟囱应作为接闪器和引下线。(√)

558. 当一座防雷建筑物中兼有第一、二、三类防雷建筑物时,当第一类防雷建筑物部分的面积占建筑物总面积的 20%及以上时,该建筑物宜确定为第一类防雷建筑物。(×)

559. 当采用接闪器保护建筑物,其外表面外的 2 区爆炸危险场所可不在滚球法确定的保护范围内。(√)

560. 当采用接闪器保护封闭气罐时,其外表面外的 2 区爆炸危险场所应在滚球法确定的保护范围内。(×)

561. 架空接闪网的支柱上,不应悬挂电话线、广播线、电视接收天线及低压架空线等。(×)

562. 在独立接闪杆的支柱上,严禁悬挂电话线、广播线、电视接收天线及低压架空线等。(√)

563. 接闪杆采用热镀锌圆钢时,杆长 1 m 以下的圆钢直径不应小于 10 mm。(×)

564. 接闪杆采用钢管时,杆长 1 m 以下的钢管直径不应小于 20 mm。(√)

565. 接闪杆的接闪端宜做成半球状,其最小弯曲半径不宜小于为 4 mm,最大宜为 12 mm。(×)

566. 架空接闪线和接闪网宜采用截面不小于 50 mm^2 热镀锌钢绞线或铜绞线。(√)

解析:GB 50057—2010《建筑物防雷设计规范》5.2.5 条。

567. 明敷接闪导体固定支架的高度不宜小于 100 mm。(×)

568. 独立烟囱顶上的接闪杆,钢管直径不应小于 30 mm。(×)

569. 独立烟囱顶上的接闪杆,圆钢直径不应小于 20 mm。(√)

570. 除第一类防雷建筑物外,金属屋面的建筑物宜利用其屋面作为接闪器,金属板下面无易燃物品时,铅板的厚度不应小于 2 mm。(√)

571. 除第一类防雷建筑物外,金属屋面的建筑物宜利用其屋面作为接闪器,金属板下面无易燃物品时,钛和铜板的厚度不应小于 0.5 mm。(√)

572. 除第一类防雷建筑物外,金属屋面的建筑物宜利用其屋面作为接闪器,金属板下面无易燃物品时,铝板的厚度不应小于 0.65 mm。(√)

573. 除第一类防雷建筑物外,金属屋面的建筑物宜利用其屋面作为接闪器,金属板下面无易燃物品时,锌板的厚度不应小于 0.7 mm。(√)

574. 除第一类防雷建筑物外,金属屋面的建筑物宜利用其屋面作为接闪器,金属板下面

无易燃物品时，热镀锌钢板的厚度不应小于 0.6 mm。（ × ）

575. 除第一类防雷建筑物外，金属屋面的建筑物宜利用其屋面作为接闪器，金属板下面无易燃物品时，不锈钢板的厚度不应小于 0.7 mm。（ × ）

576. 除第一类防雷建筑物外，金属屋面的建筑物宜利用其屋面作为接闪器，金属板应无绝缘被覆层。（ √ ）

577. 除利用混凝土构件钢筋或在混凝土内专设钢材作接闪器外，钢质接闪器不应热镀锌。（ × ）

578. 不得利用安装在接收无线电视广播天线杆顶上的接闪器保护建筑物。（ √ ）

579. 不处在接闪器保护范围内的非导电性屋顶物体，当它没有突出由接闪器形成的平面 0.5 m 以上时，可不要求附加增设接闪器的保护措施。（ √ ）

580. 从屋内金属装置至等电位连接带的连接导体采用铜的最小截面应为 6 mm^2。（ √ ）

581. 从屋内金属装置至等电位连接带的连接导体采用铝的最小截面应为 8 mm^2。（ × ）

582. 从屋内金属装置至等电位连接带的连接导体采用铁的最小截面应为 15 mm^2。（ × ）

583. 从等电位连接带至接地装置的连接导体采用铜的最小截面应为 16 mm^2。（ √ ）

584. 从等电位连接带至接地装置的连接导体采用铝的最小截面应为 25 mm^2。（ √ ）

585. 从等电位连接带至接地装置的连接导体采用铁的最小截面应为 50 mm^2。（ √ ）

586. 各等电位连接带之间的连接导体采用铁的最小截面应为 50 mm^2。（ √ ）

587. 各等电位连接带之间的连接导体采用铜的最小截面应为 20 mm^2。（ × ）

588. 各等电位连接带之间的连接导体采用铝的最小截面应为 15 mm^2。（ × ）

589. 引下线宜采用热镀锌圆钢或扁钢，宜优先采用圆钢。（ √ ）

590. 专设引下线宜沿建筑物外墙外表面明敷，并应经最短路径接地。（ × ）

591. 采用多根专设引下线时，应在各引下线上距地面 0.3～1.8 m 处装设断接卡。（ √ ）

592. 在敷设于土壤中的接地体连接到混凝土基础内起基础接地体作用的钢筋或钢材的情况下，土壤中的接地体宜采用铜质导体。（ √ ）

593. 在敷设于土壤中的接地体连接到混凝土基础内起基础接地体作用的钢筋或钢材的情况下，土壤中的接地体不宜采用不锈钢导体。（ × ）

594. 接地装置埋在土壤中的部分，其连接不应采用放热焊接；当采用通常的焊接方法时，应在焊接处做防腐处理。（ × ）

595. 在两个防雷区的界面上宜将所有通过界面的金属物做等电位连接。（ √ ）

596. 当线路能承受所发生的电涌电压时，电涌保护器不可安装在被保护设备处。（ × ）

597. 线路的金属保护层或屏蔽层宜首先于两个防雷区的界面处做一次等电位连接。（ √ ）

598. 需要防雷击电磁脉冲时，所有与建筑物组合在一起的大尺寸金属件都应等电位连接在一起，但不应与防雷装置相连。（ × ）

599. 在需要保护的空间内，采用屏蔽电缆时其屏蔽层应至少在两端，并宜在防雷区交界处做等电位连接。（ √ ）

600. 在需要保护的空间内，采用屏蔽电缆时，系统要求只在一端做等电位连接时，应采用两层屏蔽或穿钢管敷设，外层屏蔽或钢管应至少在两端，并宜在防雷区交界处做等电位连接。（ √ ）

601. 当互相邻近的建筑物之间有电气和电子系统的线路连通时，不宜将其接地装置互相连接。（ × ）

602. 所有进入建筑物的外来导电物均应在 $LPZ0_A$ 或 $LPZ0_B$ 与 LPZ1 区的界面处做等电位连接。（√）

603. 当外来导电物、电气和电子系统的线路在不同地点进入建筑物时，宜设若干等电位连接带。（√）

604. 当建筑物内有电子系统时，在已确定雷击电磁脉冲影响最小之处，等电位连接带宜采用金属板，不应与钢筋或其他屏蔽构件做多点连接。（×）

605. 在靠近地面于 $LPZ0_B$ 与 LPZ1 区的界面处做等电位连接用的接线夹和电涌保护器，仅应确定闪电击中建筑物防雷装置时通过的雷电流。（√）

606. 电子系统的所有外露导电物应与建筑物的等电位连接网络做功能性等电位连接。（√）

607. 电子系统应设独立的接地装置。（×）

608. 向电子系统供电的配电箱的保护地线(PE 线)不应就近与建筑物的等电位连接网络做等电位连接。（×）

609. 一个电子系统的各种箱体、壳体、机架等金属组件与建筑物接地系统的等电位连接网络做功能性等电位连接，宜采用 S 型星形结构或 M 型网形结构。（×）

610. 当采用 S 型等电位连接时，电子系统的所有金属组件不应与接地系统的各组件绝缘。（×）

611. 当电子系统为 300 kHz 以下的模拟线路时，不可采用 S 型等电位连接，且所有设施管线和电缆宜从 ERP 处附近进入该电子系统。（×）

612. S 型等电位连接应仅通过唯一的 ERP 点，形成 Ss 型连接方式。（√）

613. 设备之间的所有线路和电缆当无屏蔽时，宜与成星形连接的等电位连接线平行敷设。（√）

614. 用于限制从线路传导来的过电压的电涌保护器，其引线的连接点宜使加到被保护设备上的电涌电压最小。（×）

615. 当电子系统为兆赫兹级数字线路时，应采用 S 型等电位连接，系统的各金属组件不应与接地系统各组件绝缘。（×）

616. M 型等电位连接宜通过多点连接组合到等电位连接网络中去，形成 Mm 型连接方式。（×）

617. 每台设备的等电位连接线的长度不宜大于 0.5 m，并宜设两根等电位连接线安装于设备的对角处，其长度相差宜为 20%。（√）

618. 每台设备宜设两根等电位连接线安装于设备的对角处，其长度相差宜为 20%。（√）

619. LPZ1 区内两个 LPZ2 区之间用电气线路或信号线路的屏蔽电缆或屏蔽的电缆沟或穿钢管屏蔽的线路连接在一起，当有屏蔽的线路没有引出 LPZ2 区时，线路的两端可不安装电涌保护器。（√）

620. 当土壤电阻率 ρ 小于或等于 3000 Ω 时，独立接闪杆的接地电阻值可不计。（×）

621. 当长金属的弯头等连接处的过渡电阻大于 0.03 Ω 时，连接处宜用金属线跨接。（×）

622. 对有不小于 5 根螺栓连接的法兰盘，在非腐蚀环境下，可不跨接。（√）

623. 划分雷击电磁环境的区，一个防雷区的区界面一定要有实物界面。（×）

624. 电气系统中采用Ⅱ级试验的电涌保护器要用标称放电电流 I_n、1.2/50 μs 冲击电压和 8/20 μs 电流波最大放电电流 I_{max} 做试验。（√）

625. 电涌保护器的电压保护水平值等于所测量的限制电压值。（×）

626. 建筑物应根据发生雷电事故的可能性和后果，按防雷要求分为三类。（×）

627. 第一类防雷建筑物滚球半径为 35 m。（×）

628. 第二类防雷建筑物滚球半径为 45 m。（×）

629. 第三类防雷建筑物滚球半径为 50 m。（×）

630. 粮、棉及易燃物大量集中的露天堆场，当其年预计雷击次数大于或等于 0.05 时，宜采用独立接闪杆或架空接闪线防直击雷。（×）

631. 用网状接地装置对地面做均衡电位处理是防跨步电压的措施之一。（√）

632. 引下线 3 m 范围内地表层的电阻率不小于 50 kΩ · m 是防跨步电压的措施之一。（√）

633. 敷设 5 cm 厚沥青层或 15 cm 厚砾石层是防接触电压的措施之一。（√）

634. 外露引下线，其距地面 2.7 m 以下的导体用耐 1.2/50 μs 冲击电压 100 kV 的绝缘层隔离是防接触电压的措施之一。（√）

635. 用至少 2 mm 厚的交联聚乙烯层隔离是防接触电压的措施之一。（×）

636. 用护栏、警告牌使接触引下线的可能性降至最低限度是防接触电压的措施之一。（√）

637. 用护栏、警告牌使进入距引下线 3 m 范围内地面的可能性减小到最低限度是防跨步电压的措施之一。（√）

638. 为取得较小的电涌保护器有效电压保护水平，应选用有较大的电压保护水平值的电涌保护器。（×）

639. 为取得较小的电涌保护器有效电压保护水平，应增加电涌保护器连接导线的长度。（×）

640. 电涌保护器的电压保护水平 U_p 值应不大于被保护设备的耐冲击电压额定值 U_w。（√）

641. 位于山坡下的建筑物年预计雷击次数计算公式中的校正系数 k，应取 1.7。（×）

642. 位于湖边的建筑物年预计雷击次数计算公式中的校正系数 k，应取 1.5。（√）

643. 位于山地中土壤电阻率较小处的建筑物年预计雷击次数计算公式中的校正系数 k，应取 1.5。（√）

644. 金属屋面没有接地的砖木结构建筑物年预计雷击次数计算公式中的校正系数 k，应取 1.7。（√）

645. 位于山顶上或旷野的孤立建筑物预计雷击次数计算公式中的校正系数 k，应取 3。（×）

646. N_g 表示建筑物所在地的雷暴日。（×）

647. 雷击大地的年平均密度，首先应按当地气象台、站资料确定。（√）

648. 与建筑物截收相同雷击次数的等效面积应为其实际平面积向外扩大后的面积。（√）

649. 当环形接地体周长的一半大于或等于接地体的有效长度时，引下线的冲击接地电阻

应为从引下线的连接点起沿两侧接地体各取有效长度的长度算出的工频接地电阻，换算系数应等于1。（√）

650. 当环形接地体周长的一半小于有效长度时，引下线的冲击接地电阻不应为以接地体的实际长度算出的工频接地电阻再除以换算系数。（×）

651. 平屋面或坡度不大于1/10的屋面，檐角、女儿墙、屋檐应为其不易受雷击的部位。（×）

652. 坡度大于1/10且小于1/2的屋面，屋角、屋脊、檐角、屋檐应为其易受雷击的部位。（√）

653. 坡度不小于1/2的屋面，屋角、屋脊、檐角应为其易受雷击的部位。（√）

654. 单根引下线时，分流系数应为0.5。（×）

655. 两根引下线及接闪器不成闭合环的多根引下线时，分流系数可为0.66。（√）

656. 当接闪器成闭合环或网状的多根引下线时，分流系数可为0.44。（√）

657. 第二类防雷建筑物首次正极性雷击的雷电流幅值为150 kA。（√）

658. 第一类防雷建筑物发生首次正极性雷击的雷电流幅值为250 kA。（×）

659. 第三类防雷建筑物首次正极性雷击的雷电流幅值为50 kA。（×）

660. 第三类防雷建筑物首次负极性雷击的雷电流幅值为50 kA。（√）

661. 第二类防雷建筑物首次负极性雷击的雷电流幅值为70 kA。（√）

662. 第一类防雷建筑物首次负极性雷击的雷电流幅值为100 kA。（√）

663. 第一类防雷建筑物首次负极性以后雷击的雷电流幅值为100 kA。（×）

664. 第二类防雷建筑物首次负极性以后雷击的雷电流幅值为37kA。（×）

665. 第三类防雷建筑物首次负极性以后雷击的雷电流幅值为25 kA。（√）

666. 闪电电磁感应是由于雷电流迅速变化在其周围空间产生不变的强电磁场，使附近导体上感应出电动势。（×）

667. 等电位连接导体是将分开的诸导电性物体连接到防雷装置的导体。（√）

668. 电子系统是由敏感电气组合部件构成的系统。（×）

669. 建(构)筑物内系统是由建(构)筑物内的电气系统组成。（×）

670. 标称放电电流是指流过电涌保护器8/20 μs电流波的峰值。（√）

671. 冲击电流由电流幅值I_{peak}和单位能量W/R所限定。（×）

672. 以I_{imp}试验的电涌保护器是指耐得起10/350 μs典型波形的部分雷电流的电涌保护器需要用I_{imp}电流做相应的冲击试验。（√）

673. 以I_n试验的电涌保护器是指耐得起10/20 μs典型波形的感应电涌电流的电涌保护器需要用I_n电流做相应的冲击试验。（×）

674. 以组合波试验的电涌保护器是指耐得起8/20 μs典型波形的感应电涌电流的电涌保护器需要用I_{sc}短路电流做相应的冲击试验。（√）

675. Ⅲ级试验是指电气系统中采用Ⅲ级试验的电涌保护器要用组合波做试验。（√）

676. 组合波定义为由3 Ω组合波发生器产生1.2/50 μs开路电压U_{oc}和8/20 μs短路电流I_{sc}。（×）

677. 1.2/50 μs冲击电压是指规定的波头时间T_1为1.2 μs、半值时间T_2为100 μs的冲击电压。（×）

678. 8/20 μs 冲击电流是指规定的波头时间 T_1为 8 μs、半值时间 T_2为 20 μs 的冲击电流。（√）

679. 设备耐冲击电压额定值是指设备制造商给予的设备耐冲击电压额定值，表征其绝缘防过电压的耐受能力。（√）

680. 近端串扰是指串扰在被干扰的通道中传输，其方向与产生干扰的通道中电流传输的方向相同。（×）

681. 在被干扰的通道中产生的近端串扰，其端口通常靠近产生干扰的通道的供能端，或与供能端不重合。（×）

682. 落地雷闪是云地间的大气放电，由一个雷击组成。（×）

683. 下行雷是始于云到地一个向下先导的雷闪。（√）

684. 上行雷是始于地面建筑物到云端一个向上先导的雷闪。（√）

685. 雷击是落地雷闪中的多次放电。（×）

686. 短雷击是雷闪的组成部分，它对应于一个连续电流。（×）

687. 长雷击是雷闪的组成部分，它对应于一个连续电流。（√）

688. 多重雷击是平均由 3～4 个雷击组成的雷闪，两个雷击的时间间隔通常约为 100 ms。（×）

689. 雷电击中大地或高耸物体(如建筑物、LPS、服务设施、树等)的点是雷击点。（√）

690. 雷电流是流经雷击点的电流。（√）

691. 雷电流的最小值是峰值。（×）

692. 短雷击电流波头的平均陡度是数值上小于在时间间隔 t_2-t_1 内雷电流的平均变化率。（×）

693. 短雷击电流的波头时间是一个虚拟参数，定义为雷电流波头达到 10%峰值到 90%峰值时间间隔的 1.25 倍。（√）

694. 短雷击电流的视在原点是连接雷电流波头 30%和 95%峰值两参考点的直线与时间轴的交点。它位于雷电流达到 15%峰值时刻之前 $0.1T_1$ 处。（×）

695. 短雷击电流的半值时间是一个实际参数，定义为视在原点 O_1 到雷电流下降至峰值一半时的时间间隔。（×）

696. 雷电流流过雷击点的时间是雷闪持续时间。（√）

697. 长雷击电流的持续时间是连续电流在上升沿升到峰值的 20%时至下降沿连续电流降到峰值 20%时的时间间隔。（×）

698. 雷闪电荷是整个雷闪持续期间雷电流的平方对时间的积分。（×）

699. 短雷击电荷是一次短雷击中雷电流对时间的积分。（√）

700. 长时雷击的电荷是一次长雷击中雷电流的平方对时间的积分。（×）

701. 单位能量是雷电流的平方在整个雷闪持续期内对时间的积分。（×）

702. 短雷击电流的单位能量是雷电流在短雷击持续期内的时间积分。（×）

703. 被保护的建筑物是为防御雷电影响而需要保护的建筑物。（√）

704. 线路是连接到被保护建筑物的通信线。（×）

705. 多个独立建筑物中设备之间的通信线不包括电话线和数据线。（×）

706. 电源线是输送电能到建筑物使其内部电气和电子设备运行的配电线路，例如低压

(LV)或高压(HV)电源干线。(√)

707. 击中建筑物的雷闪是击中被保护建筑物附近且可能对被保护建筑物产生危险过电压的雷闪。(×)

708. 击中建筑物附近的雷闪是指击中被保护建筑物附近且可能对被保护建筑物产生危险过电压的雷闪。(√)

709. 物理损害:由于雷电的机械、热、化学或爆炸等效应对建筑物(或其内物体)所造成的损害。(√)

710. 人和动物的伤害是雷电引起的接触电压和跨步电压对人和动物的伤害,不包括死亡。(×)

711. 雷电电磁脉冲是指雷电流经电阻、电感和电容耦合形成的电磁效应,它产生浪涌和辐射电磁场。(√)

712. 防雷措施是为减小受保护对象雷电损害风险而采取的措施。(√)

713. 防雷系统是用来减小雷击建筑物造成物理损害的整个系统。(√)

714. 雷电防护是用于减小受保护对象雷电损害风险的整个系统,包括建筑物内部系统和物体、人员,一般由 LPS 和 SPM 组成。(×)

715. 接闪器系统是内部 LPS 组成部分,用金属部件,如接闪针、接闪网或接闪线构成,用于接闪。(×)

716. 外部导电部件是进出受保护建筑物的金属延伸部件,如管道、电缆金属部件、金属线槽等,它们不可以流过部分雷电流。(×)

717. 雷电等电位连接是为减少雷电流引起的电位差,直接用导体或通过浪涌保护器把分离的金属部件连接到 LPS 上的一种防雷措施。(√)

718. 磁屏蔽是可以完全阻止电气和电子系统的失效,包围受保护对象或其一部分的格栅或连续型的闭合金属屏蔽体。(×)

719. 能量配合的 SPD 防护系统是为了减少电气和电子系统失效而适当选择、能量配合并装配起来的一组 SPD。(√)

720. 额定冲击耐受电压是由厂家给设备或其部件指定的冲击耐受电压,用以表征其绝缘对过电压的规定耐受能力。(√)

721. 协调配合的 SPD 系统是为了减少电气和电子系统的失效而适当选择、能量配合并装配起来组成系统的 SPD。(√)

722. 隔离界面是能够增加进入 LPZ 的线路中传导浪涌的装置。(×)

723. 雷电防护系统是用以减少人因雷击引起伤害的整套系统。(×)

724. 外部防雷装置是 LPS 的一部分,由接闪器、接地装置组成。(×)

725. 与受保护建筑物分离的外部 LPS 是由接闪器和引下线组成的 LPS,其安装位置使雷电流通道与受保护建筑物没有任何接触。(√)

726. 受保护建筑物非分离的外部 LPS 是由接闪器和引下线组成的 LPS 电气绝缘组成。(×)

727. 内部防雷装置是由雷电等电位连接和内部 LPS 电气绝缘组成。(×)

728. 接闪器是外部 LPS 的一部分,用于截收雷击的金属构件,如杆状接闪器、网格导线或悬链线。(√)

729. 引下线是内部 LPS 的一部分，将接闪器雷电流传导至接地装置。(×)

730. 环形导体是围绕建筑物四周形成一个回路的导体，与引上线相连，集中雷电流。(×)

731. 接地装置是外部 LPS 的一部分，将雷电流传导和分散入地。(√)

732. 接地极是接地装置的一部分，通过它与大地直接相连，并将雷电流分散入地。(√)

733. 环形接地极是在建筑物四周的土壤表层或地表形成一个不封闭回路的接地极。(×)

734. 基础接地极是指地基的混凝土钢筋或预埋在建筑物混凝土中用作接地极的其他导体。(√)

735. 通常接地体电压峰值与电流峰值会同时出现。(×)

736. 接地装置电压是接地装置与近地面的电位差。(×)

737. LPS 的自然构件是为防雷而专门安装的导电部件，可用于 LPS，或在某些情况下，能具备 LPS 的一个或几个功能。(×)

738. 连接部件是外部 LPS 的一部分，用于导体间连接或连接到金属装置。(√)

739. 固定部件是内部 LPS 中的一部分，用于将 LPS 部件固定到受保护建筑物上。(×)

740. 金属装置是受保护建筑物外部可延续的金属构件，可形成雷电流通道。例如：管道、楼梯、电梯扶手、升降机导轨、通风装置、加热或空调管道以及互联钢筋等。(×)

741. 外部导体构件是出入受保护建筑物，携带部分雷电流的可延续的金属构件。例如：管道、楼梯、电梯扶手、升降机导轨、通风装置、加热或空调管道以及互联钢筋等。(×)

742. 电气系统是装有低压供电部件及可能的电子部件的系统。(√)

743. 电子系统是装有敏感电子部件的系统，例如：通信设备、计算机、控制和仪表系统、无线电系统和电力电子设备等。(√)

744. 雷电等电位连接(EB)是连接至分离导电部件的 LPS。直接连接或通过浪涌保护器连接，可增加雷电流产生的电位差。(×)

745. 等电位连接排是为防雷装置做等电位连接的部件，需要接地的金属装置、外部导电部件、电力线路、通信线路及其他电缆可与之连接。(√)

746. 用于将分离导电部件与 LPS 的导体称为连接导体。(×)

747. 混凝土建筑物内的钢结构称为互联钢筋，在电气上被认为是不连续的。(×)

748. 危险火花是由雷电引起的放电，可能会对受保护建筑物引起物理损坏。(√)

749. 两个导体之间出现危险火花的距离称为隔距。(×)

750. 浪涌保护器是一种用来限制瞬时过电压和转移浪涌电流的器件，它至少包含一个线性元件。(×)

751. 固体爆炸性材料是指固体化合物、混合物或装置，主要用途或普通用途用于爆破建筑物。(×)

752. 额定冲击耐受电压水平(U_w)是指由制造商对设备或其某一部件认定的冲击耐受电压，表征其规定的对过电压的耐受能力。(×)

753. 雷电防护水平(LPL)是指与概率相关的一组雷电流参数数值，其相关的最大和最小设计值应当超过自然发生的雷电。(×)

754. 雷电防护区(LPZ)指规定雷电电磁场环境的区域。(√)

755. 内部系统用来防护 LEMP 的完整防护措施系统称为 LEMP 防护措施系统。（ × ）

756. 格栅形空间屏蔽是指有格栅特征的磁屏蔽。（ × ）

757. 连接网络是指建筑物和内部系统所有导体部件(带电导体除外)与接地装置相互连接的网络。（ √ ）

758. 电压开关型 SPD 是指无浪涌时呈低阻抗值，但一旦响应电压浪涌时，其阻抗突然变为高值的 SPD。（ × ）

759. 限压型 SPD 是指无浪涌时呈高阻抗值，随着浪涌电流和浪涌电压的增加，其阻抗也会不断增加的 SPD。（ × ）

760. 组合型 SPD 是指将电压开关型组件和限压型组件组装在一起的 SPD，根据外施电压的特性，SPD 显示出电压开关特性、限压特性或者同时具有电压开关特性和限压特性。（ √ ）

761. 协调配合的 SPD 防护是指一组经过适当选择、配合和安装，用于增加电气和电子系统的 SPD。（ × ）

八、计算题

1. 有一建筑群长 200 m，宽 100 m，高 24 m，问该建筑群的年预计雷击次数为多少？该建筑物为何类建筑物防雷？（已知：该地区年平均雷暴日数为 30 d）

解：已知 $k=1$，$N_g=0.024\times30^{1.3}$，建筑群长(L)200 m，宽(W)100 m，高(H)24 m，$N=kN_gA_e$

$A_e=[LW+2(L+W)\times\sqrt{H\times(200-H)}+\pi H(200-H)\times10^{-6}$

$=[200\times100+2(200+100)\times\sqrt{24(200-24)}+\pi\times24\times(200-24)]\times10^{-6}$

$=(20000+38995+13263)\times10^{-6}$

≈0.07

$N=1\times0.024\times30^{1.3}\times0.07=0.14$(次/a)$>0.06$(次/a)

答：该建筑群为第三类建筑物。

2. 证券公司的天面上有避雷带保护，但有四个卫星收发天线，不在保护范围以内，需加独立接闪针进行保护。已知接闪针位置距最远的接收天线为 10 m，并且卫星天线高 4 m，问需架设多高的接闪针，能够使卫星天线在其保护范围之内。

解：因为证券公司属于第三类建筑物，因此 $h_2=60$ m，又被保护高度 $h_x=4$ m，避雷针在 h_x 上的保护半径 $r_x=10$ m

由公式 $r_x=\sqrt{h(2h_r-h)}-\sqrt{h_x(2h_r-h_x)}$得

$10=\sqrt{h(2\times60-h)}-\sqrt{4\times116}$

$h^2-120h+994.79=0$

解二次方程得：

$h=60-51.04$

$=8.96$

≈9.0(m)

答：应架设>9 m 高的接闪针，才能够使卫星天线在其保护范围之内。

注：h_r 为滚球半径。

3. 某山区工厂所在地土壤电阻率 $\rho=1000\ \Omega\cdot\text{m}$，用接地电阻表测得接闪器工频接地电阻为 17.5 Ω，引下线接地点到标地体最远端长度为 25.3 m，计算其冲击接地电阻是否符合规范要求（规定其冲击接地电阻为 $R_i\leqslant10\ \Omega$，1000 的平方根为 31.625）？

解：根据接地体的有效长度 $L_e=2\sqrt{\rho}$

接地装置的工频接地电阻 $R_\sim=AR_i$

$L_e=2\sqrt{1000}=63.25$(m)

$L/L_e=25.3/63.25=0.4$

查换算系数表 A 得：$A=1.8$

$R_i = 17.5/1.8 = 9.7(\Omega)$

答：冲击接地电阻是 9.7 Ω，符合规范要求。

4. 有一栋高 15 层二类防雷框架结构的建筑物，该楼设有 15 根引下线。

在邻近 100 m 情况下发生首次雷击，求大楼附近的磁场强度。

解：二类建筑雷电流 $i_0 = 150$ kA

$H_0 = i_0/(2\pi \cdot S_a) = 150000/(2\pi \times 100) = 238.73$ A/m

注：S_a 为雷击点到屏蔽空间中心的距离。

5. 计算一长 50 m、宽 30 m、高 70 m 建筑物年预计雷击次数（校正系数 1，年平均雷暴日为 49.9 d）。

解：$N = kN_gA_e$

$N_g = 0.024T_d^{1.3} = 0.024 \times 49.9^{1.3} = 3.87$

$A_e = 0.045$

$N = 1 \times 3.87 \times 0.045 = 0.18$（次/a）

注：N 为建筑物预计雷击次数；k 为雷击次数校正系数；N_g 为建筑物所处地区雷击大地年平均密度；A_e 为与建筑物截收相同雷击次数的等效面积。

6. 用绘图法或计算法（可任选其中一种方法）计算出以下给定条件的建筑物在地面和屋面的保护半径。如屋面不在保护范围内应增加何种措施保护。条件：属第三类防雷建筑物，长、宽、高分别为 40 m、20 m、30 m，单支接闪针高 10 m（设在屋面中心位置）。

解：接闪杆在地面上的保护半径 $r_0 = [h(2h_r - h)]^{1/2} = [40(2 \times 60 - 40)]^{1/2} = [3200]^{1/2} = 56.6$ m

$r_{30} = [h(2h_r - h)]^{1/2} - [h_{30}(2h_r - h_{30})]^{1/2} = 56.6 - [30(2 \times 60 - 30)]^{1/2} = 56.6 - 52$（或 51）$= 4.6$（或 5.6）m

因屋面为 40 m×20 m，故单支接闪针无法全面保护，可采用在建筑物屋面加装一圈接闪带，同时在中间加一条接闪带，形成网格不大于 20 m×20 m 的接闪网防直击雷。

7. 一枝独立接闪针高度 10 m，为炸药库提供直击雷保护时，请计算该针在 5 m 高度上的保护半径。（保留一位小数）

答：炸药库为一类防雷建筑，根据 GB 50057—2010，滚球半径 $h_r = 30$ m。10 m 高的接闪针在 5 m 高度上，接闪针的保护半径为

$$r_5 = \sqrt{h(2h_r - h_0)} - \sqrt{h_5(2h_r - h_5)} = \sqrt{10(2 \times 30 - 10)} - \sqrt{5(2 \times 30 - 5)}$$
$$= 10\sqrt{5} - 5\sqrt{11} = 22.4 - 16.6 = 5.8(\text{m})$$

8. 某公司设计的线型接地体总长度为 33 m，实测工频接地电阻 13 Ω，查表得当地土壤电阻率为 1000 Ω·m，该接地体冲击接地电阻为多少？

解：接地装置有效长度为：

$L_e = 2\sqrt{\rho} = 2 \times 31.6 = 63.2(\text{m})$

$\frac{L}{L_e} = \frac{33}{63.2} = 0.522$，查图表得：该接地体冲击系数 $A = 1.62$。

由 $R = AR_i$，得 $R_i = R/A = 13.0/1.62 \approx 8.0(\Omega)$，该接地装置的冲击接地电阻 8.0 Ω。

注：L_e 为接地体的有效长度；ρ 为敷设接地体处的土壤电阻率；A 为换算系数；R_i 为所要求的接地装置冲击接地电阻。

9. 考虑进入建筑物的外来导电物为电力线路(三相四线制)、闭路电视线路、金属管道时，设击在建筑物上的雷电流为 150 kA，问电力线路上可能感应到的雷电流为每相多少 kA?

答：根据 GB 50057—2010，建筑物遭受 150 kA 直击雷击电流时，外来导体上可能遭受的雷击电流约为：150 kA÷2=75 kA

电力线路上每相可能感应到的雷电流幅值为：75 kA÷3÷4=6.25 kA。

10. 平顶库房长 12 m、宽 5 m、高 5 m，设为二类防雷建筑，计划采用独立接闪针提供直击雷击保护，接闪针设在距库房中心轴线上，距离库房边 3 m(见下图)，接闪针的高度为 10 m，问接闪针是否能对库房提供完全直击雷击保护?

答：右图为库房在 5 m 高度上的平面示意图

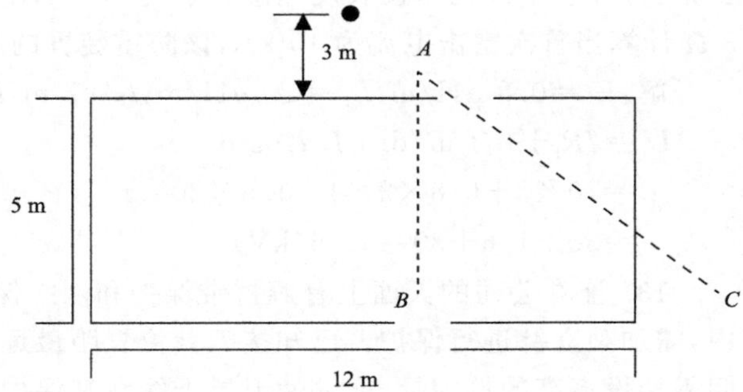

在直角三角形 ABC 中

$AC=(AB^2+BC^2)^{1/2}$

$=(82+62)^{1/2}$

$=10(\mathrm{m})$

库房为二类防雷建筑，根据 GB 50057—2010

滚球半径 $h_r=45$ m

10 m 高的接闪针在 5 m 高度上，接闪针 A 的保护半径为

$r_5=[h(2h_r-h)]^{1/2}-[h_5(2h_r-h_5)]^{1/2}$

$=[10(2\times45-10)]^{1/2}-[5(2\times45-5)]^{1/2}$

$=800^{1/2}-425^{1/2}=28.3-20.6=7.7(\mathrm{m})<AC=10$ m

答：接闪针不能对库房提供完全直击雷保护。

11. 如图所示为某平顶炸药库房，长 20 m、宽 8 m、高 5 m，A、B 为 15 m 等高接闪针，问 A、B 接闪针是否能完全保护炸药库?

答：炸药库为一类防雷建筑，根据 GB 50057—2010

滚球半径 $h_r=30$ m

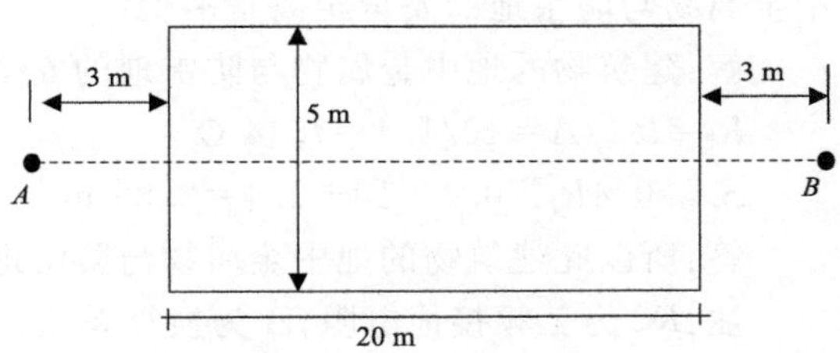

A、B 接闪针针间距为

$D=6+20+6=26$ m

两针相关距离为：

$S=2[h(2h_r-h)]^{1/2}$

$=2[15(2\times30-15)]^{1/2}$

$=2(26)^{1/2}$

$\approx52(\mathrm{m})>D$

计算高度为 h_x 的接闪针在 5 m 高度上的保护半径：

$r_5=[h(2h_r-h_0)]^{1/2}-[h_5(2h_r-h_5)]^{1/2}$

$=[15\times(2\times30-15)]^{1/2}-[5\times(2\times30-5)]^{1/2}$

$=26-16.6=9.4(\mathrm{m})$

库房短边长度一半为：8/2=4 m$<r_5$

A、B 接闪针能完全保护炸药库。

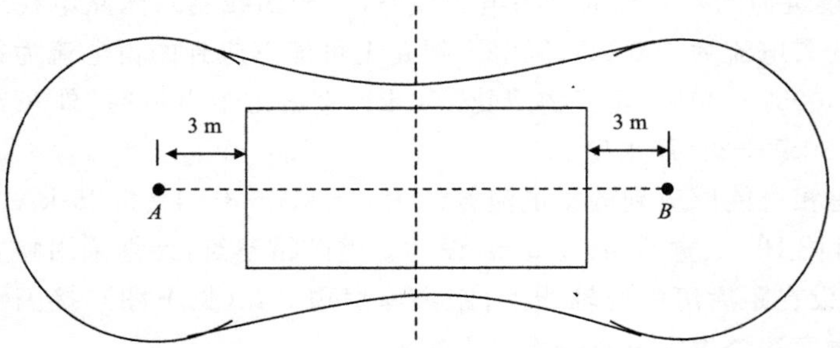

12. 某易燃易爆场所，安装有一支独立接闪针，高 22 m，其中针长 2 m，引下线长 20 m。已知：针和引下线的单位长度电感分别为 0.8 μH/m，和 1.5 μH/m，接地装置冲击接地电阻为 3 Ω 计算当首次雷击电流为 10 kA，该防雷装置的压降为多少？

解：$L_1=0.8\ \mu H/m, L_2=1.5\mu H/m, l_1=2\ m, l_2=20\ m, R_i=3\ \Omega, I=10\ kA$

$U=IR_i+L_1l_1 di/dt+L_2l_2 di/dt$　　　　$di/dt=1\ kA/\mu s$

$=10\times3+0.8\times2\times1+1.5\times20\times1$

$=30+1.6+30=61.6(kV)$

13. 证券公司的天面上有避雷带保护和网络保护，但有四个卫星收发天线，不在保护范围内，需加独立针进行保护。已知接闪针位置距最远的接收天线为 10 m，并且卫星天线高 4 m，问需架设多高的接闪针，能够使卫星天线在其保护范围之内？

解：因为证券公司属于第三类建筑物，因此滚球半径 $h_r=60$ m，又被保护高度 $h_x=4$ m，$r=10$ m

由公式 $r_x=[h(2h_r-h)]^{1/2}-[h_x(2h_r-h_x)]^{1/2}$　得

$10=[h(2\times60-h)]^{1/2}-(116\times4)]^{1/2}$

$h^2-120h+994.77=0$

$h=120-102=9(m)$

所以应架设 9 m 高的接闪针。

14. 第一类防雷建筑物防雷接地工频接地电阻为 10 Ω，换算系数 $A=1.4$，问：建筑物的地中金属物与防雷地的安全距离是多少？

解：建筑物的地中金属物与防雷地的安全距离 $S_{el}\geqslant0.4R_i\geqslant3$ m

$R_i=R_{\sim}/A=10/1.4=7.14\ \Omega$

$S_{el}\geqslant0.4R_i=0.4\times10\div1.4=2.86$ m

答：所以此建筑物的地中金属物与防雷地的安全距离应大于或等于 3 m。

注：$R_{\sim}$ 为工频接地电阻；A 为换算系数；R_i 为所要求的接地装置冲击接地电阻。

15. 一建筑物楼内有相当重要的计算机信息设备，建筑面积是 30 m×12 m，现在楼顶安装一单支接闪针，试计算所需接闪针高度。（楼高 10 m）

答：根据题意，屋面无防直击雷措施，屋面中间设一支接闪针，$h_x=10$ m。

$r_x=oa=(6^2+15^2)=261^2=16.2$ m

$r_1=[h_x(2h_r-h_x)]^{1/2}=[10(90-10)]^{1/2}=800^{1/2}=28.31$ m

$r_0=r_x+r_1=16.2+28.31=44.5$ m

从地面算起，接闪针高度

$h=h_r-\sqrt{h_r^2-r_0^2}=45-\sqrt{45^2-44.5^2}$

$=45-\sqrt{2025-1890.25}$

$=45-\sqrt{44.75}=45-6.69=38.31$ m

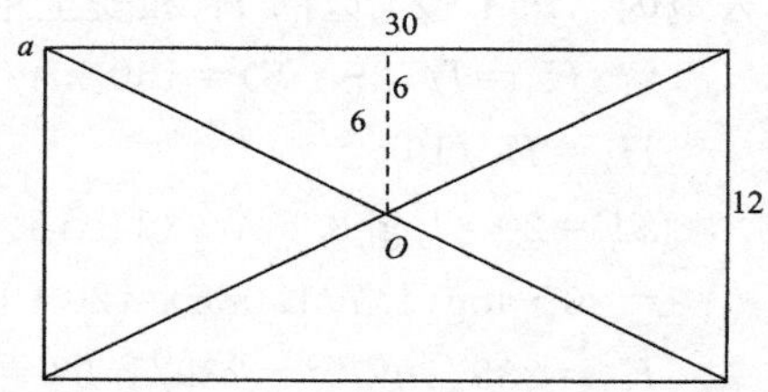

则安装在天面的接闪针高度为 38.31 m－10 m＝28.31 m。

答:屋面的接闪针高度为 28.31 m。

16. 有一第二类防雷建筑物面积为 40×12 m²,其天面有两个高 2 m、相距 16 m 的金属排风管对称分布,现设计一支接闪针对天面进行保护,问针高多少米合适?

答:已知 $r_x=8$ m,$h_r=45$ m,$h_x=2$ m

$r_1=\sqrt{h_x(2h_r-h_x)}=\sqrt{2(90-2)}=\sqrt{176}=13.3$ m

$r_0=r_x+r_1=8+13.3=21.3$ m

根据公式针高

$h=h_r-\sqrt{h_r^2-r_0^2}=45-\sqrt{45^2-21.3^2}=45-\sqrt{2025-453.69}$

$=45-\sqrt{1571.31}=45-39.64=5.36$ m

答:针高为 5.36 m 合适。

17. 有一高 7 m 的二层建筑物,楼顶有环形避雷带,在一侧地面有一个卫星天线,天线为圆形距地面高 4 m,直径 3 m,中心距大楼 5 m。问天线能否被保护,如不能,请提出最经济的保护方案。

答:依题意作示意图(如右图)。

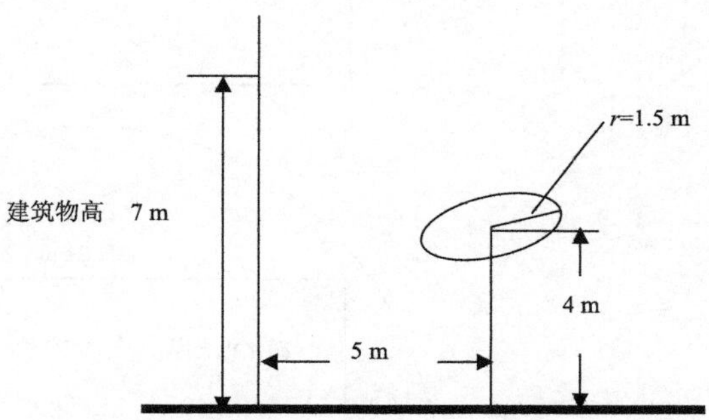

避雷带相当于避雷线,带上任意一点相当于一支针的作用,故取针高 $h=7$ m,$h_x=4$ m,$h_r=4.5$ m

$r_x\geqslant5+1.5=6.5$ m,才能保护卫星天线。

$r_x=\sqrt{h(2h_r-h)}-\sqrt{h_x(2h_r-h_x)}$

$=\sqrt{2(90-7)}-\sqrt{4(90-4)}$

$=\sqrt{581}-\sqrt{344}=24.1-18.55$

$=5.55$ m

故该楼高 7 m,不能保护卫星天线。

在楼顶靠近卫星天线一侧补充一支针,使其保护卫星天线。

$r_x=\sqrt{h(90-h)}-18.5$

化简得:$h^2-90h+625=0$

$$h=\frac{90\pm\sqrt{90^2-4\times625}}{2}=\frac{90\pm\sqrt{5600}}{2}=\frac{90\pm74.8}{2}$$

取负号 $h=\dfrac{90-74.8}{2}=7.6$ m

说明 $h\geqslant7.6$ m 才能保护卫星天线,现建筑物高 7 m,所以建筑物上安装针的高度 $\geqslant0.6$ m,取安装针高 1 m。

18. 有一栋二类框架建筑物,网格宽度 $W=5$ m,钢筋直径 $\Phi=20$ mm,100 m 处发生首次云地闪。求 LPZ1 区的 H_1 和安全距离 $d_{s/1}$。

解：$H_0 = I/(2\pi \cdot S) = 150\ kA/(2\times 3.14\times 100) = 0.239\ kA = 239\ A/m$

$H_1 = H_0/10^{SF/20}$

$SF = 20\cdot \log[8.5/W/(1+18\times 10^{-6}/R^2)^{1/2}] = 20\cdot \log[8.5/5/(1+18\times 10^{-6}/10^{-4})^{1/2}]$

$= 20\cdot \log(1.7/1.086) = 20\cdot \log(1.57) = 20\times 0.196 = 3.9\ dB$

$H_1 = 239/10^{3.9/20} = 239/1.57 = 152\ A/m$

$d_{s/1} = W\cdot SF/10 = 5\times 3.9/10 = 1.95\ m$。

19. 有一 28 m 高的接闪针，按一类防雷要求计算 R_o 及 $h_x = 15$ m 时的 R_x。

解：$h = 28\ m, h_r = 30\ m, h_x = 15\ m$

$r_0 = \sqrt{h(2h_r - h)} = \sqrt{28(2\times 30 - 28)} = 29.9\ m$

$r_x = 29.9 - \sqrt{h_x(2h_r - h_x)} = 29.9 - \sqrt{15(2\times 30 - 15)} = 3.92\ m$。

20. 有一个储存硝化棉的一类防雷仓库，高 4 m，长 21 m，宽 7.5 m，要求设计独立接闪针保护，请设计绘制该仓库的 h_x 高度的平面保护图。（注：要求独立针离仓库不小于 3 m）

解：由题可知该仓库属第一类防雷建筑 $h_r = 30$ m，则有：

$R_x = \sqrt{h(2h_r - h)} - \sqrt{h_x(2h_r - h_x)} = \sqrt{h(60-h)} - \sqrt{4(60-4)}$

$R_{x\max} = \sqrt{30(60-30)} - \sqrt{4(60-4)} = 15.0\ m$。在 4 m 的高度，最大保护半径为 15 m。

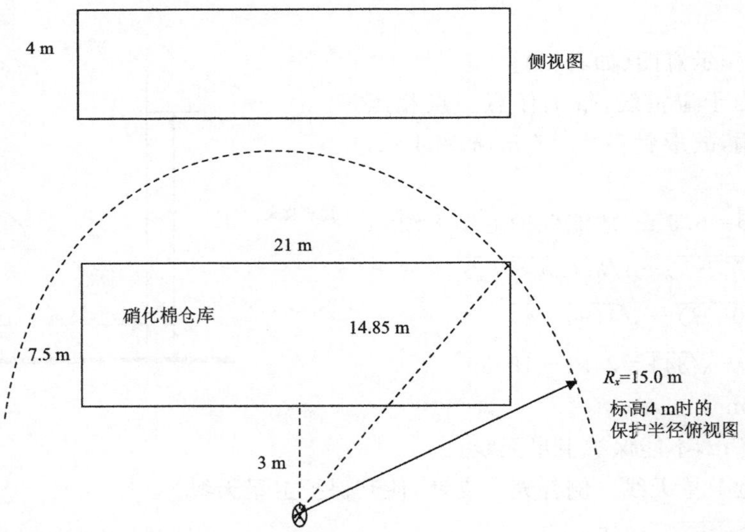

21. 某烟花爆竹仓库，长 7.5 m、宽 6 m、高 4 m，计划在离建筑物 3 m 的地方安装一单支接闪针，请用滚球法计算该单支接闪针的设计有效高度。（答案：大于或等于 17.2 m）

解：(1)该烟花爆竹仓库属第一类防雷建筑物；

(2)$AB^2 = AC^2 + BC^2$，$AB^2 = 6^2 + 3.75^2$，$AB = 9.75$ m

$AB = \sqrt{h(2h_r - h)} - \sqrt{4(2\times 30) - 4)} = \sqrt{h(60-h)} - 14.97$

经计算 $h \geqslant 13.2$ m

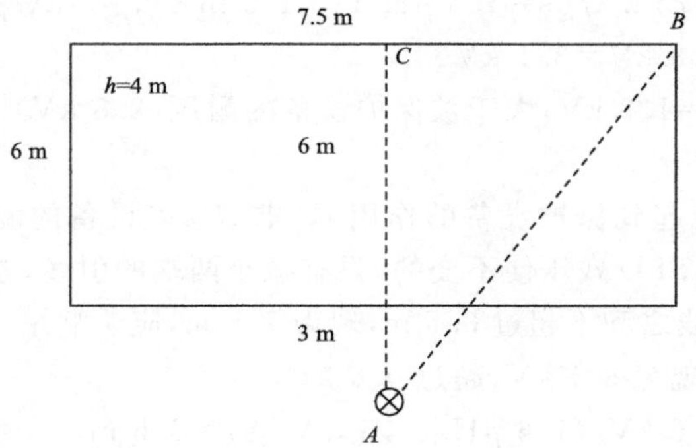

22. 设接闪针高度为 h，滚球半径为 h_r，请分别给出当 $h>h_r$ 和 $h_r>h$ 时的保护范围计算方法。

解：当 $h_r>h$ 时，则 $R_x=\sqrt{h(2h_r-h)}-\sqrt{h_x(2h_r-h_x)}$

当 $h_r<h$ 时，则 $R_x=h_r-\sqrt{h_x(2h_r-h_x)}$

23. 作图题：用作图法确定一支高度为 16 m 的接闪针，应架设在距离一座高度为 4.1 m，长度为 7 m，宽度为 3 m 的第一类建筑物的位置。

解：$L=7\ \text{m}, W=3\ \text{m}, H=4.1\ \text{m}, h=16\ \text{m}, h_r=30\ \text{m}$

$R_x=\sqrt{h(2h_r-h)}-\sqrt{h_x(2h_r-h_x)}$

$=\sqrt{16(2\times30)}-\sqrt{4.1(2\times30-4.1)}$

$=26.53-15.14$

$=11.4\ \text{m}$

$AB=11.4\ \text{m}$

$AB^2=AC^2+BC^2$

$AC^2=AB^2-BC^2$

$=11.4^2-3.5^2$

$=129.96-12.25$

$=117.71$

$AC=10.85$

$AD=AC-DC=10.85-3=7.85\ \text{m}$

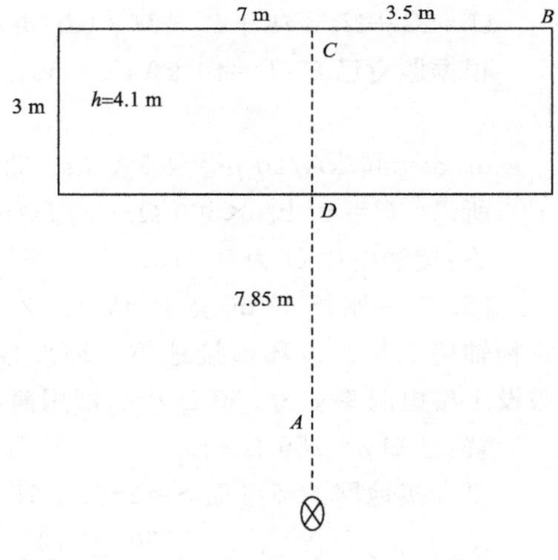

架设在距建筑物中轴线约 7.85 m 以内范围中。

24. 某单位为了保护电器设备，在供电系统安装了三级电涌保护器 SPD(并联式)，检测发现第三级 SPD 安装在被保护设备的前端，已知该电器设备耐压为 2.5 kV，SPD 的残压为 ≤1.3 kV，接线方式为 T 型，求 AB 之间最大电涌电压 U_{AB} 为多少？存在什么问题？应如何改进？(提示：不考虑电力线屏蔽与否，也不考虑三相或单相。经计算流经 SPD 两端引线 L_1、L_2 的电涌平均陡度为 0.75 kA/μs，引线 L_1、L_2 单位长度电感为 $L_0=1.6\ \mu\text{H/m}$)

解：求 AB 间最大电涌电压 U_{AB}.

SPD 的残压为≤1.3 kV，取最大值 1.3 kV，

SPD 两端引线的电涌平均陡度为 0.75 kA/μs，

SPD 两端引线长度之和 $L_1+L_2=1.5\ \text{m}$，引线的单位长度 $L_0=1.6\ \mu\text{H/m}$。

U_{AB} = SPD 的最大残压 + 引线产生的感应电压 U_L

$U_L=L_0\times1.5\ \text{m}\times0.75\ \text{kA}/\mu\text{s}=1.6\ \mu\text{H/m}\times1.5\ \text{m}\times0.75\ \text{kA}/\mu\text{s}=1.8\ \text{kV}$

故 $U_{AB}=1.3\ \text{kV}+1.8\ \text{kV}=3.1\ \text{kV}$

存在问题：由于 $U_{AB}=1.3\ \text{kV}$，大于被保护设备的耐压(2.5 kV)，设备的绝缘右可能被击穿，导致右损坏的可能。

改进：为了使 SPD 能起到保护设备的作用，要求 U_{AB}<设备的耐压水平。即满足 $U_{AB}<2.5\text{kV}$。U_{AB} 由两项组成，SPD 残压使不变的，只有减小两端的引线，才能减小感应电压 U_L，按照规范要求 SPD 两端引线之和不超过 0.5 m，现为 1.5 m，应予缩短。

要求 $U_{AB}<2.5\ \text{kV}$，现为 3.1 kV，超过 0.6 kV，

则减小引线长度$=0.6\ \text{kV}/(1.6\ \mu\text{H}/0.75\ \text{kA}/\mu\text{s})=0.5\ \text{m}$，

及 SPD 两端引线之和必须小于 1 m，才能满足 $U_{AB}<2.5\ \text{kV}$。

25. 有人站在一棵孤立的大树下，手扶树干避雨，当时正发生首次雷击，大树被雷电击中，雷电流为 40 kA，手接触点离地为 1.5 m，手接触点到地面的这段树干的电阻为 500 Ω，单位长度电感为 2 μH/m，试计算接触电压为多少？

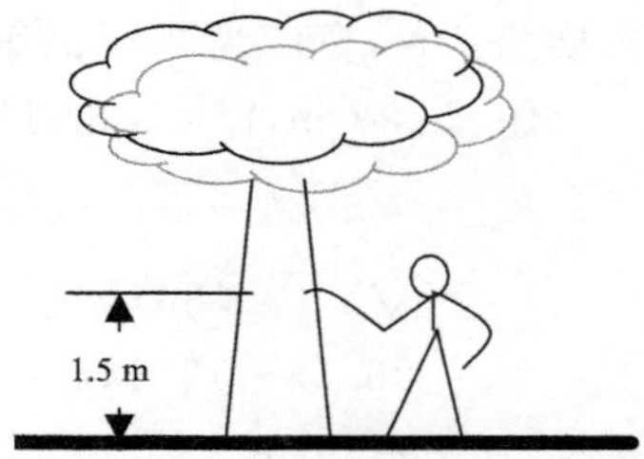

解：设手接触点对地的电位差为 U，由于树干有电阻和电感，因此对地的电位差，也即接触电压由两部分组成，电阻压降 U_R、U_L

$U=U_R+U_L=iR+L_0\cdot H\cdot(\text{d}i/\text{d}t)$

根据题意已知：$I=40\ \text{kA}$，$R=500\ \Omega$，$L_0=20\ \mu\text{H/m}$，$h=1.5\ \text{m}$

$\text{d}i/\text{d}t=40\ \text{kA}/20\ \mu\text{s}=4\ \text{kA}/\mu\text{s}$ 带入上式

所以 $U=40\ \text{kA}\times500\ \Omega+2\ \mu\text{H/m}\times1.5\ \text{m}\times4\ \text{kA}/\mu\text{s}=20000\ \text{kV}+12\ \text{kV}=20012\ \text{kV}$

答：接触电压 U 为 20012 kV。

26. 有一座长 20 m，宽 10 m，高 12 m 的混合结构建筑物(二类防雷)，天面设避雷带，距建筑物轴偏 2.5 m 设环形接地体。环形接地体由水平接地体和垂直接地体组成复合接地体。假设土壤电阻率 ρ 为 250 Ω·m，试用简易法计算环形接地体的工频电阻值。

解：已知 $\rho=250\ \Omega\cdot\text{m}$

复合接地网的环形面 $S=25\ \text{m}\times15\ \text{m}=375\ \text{mm}^2$

$$R=0.5\times\frac{250}{\sqrt{S}}=0.5\times\frac{250}{\sqrt{375}}=\frac{125}{19.4}=6.4\ \Omega$$

答：环形接地体的工频电阻为 6.4 Ω。

$$\text{或}\ R=0.28\times\frac{\rho}{r}=0.28\times\frac{\rho}{\sqrt{\frac{A}{\pi}}}=0.28\times\frac{250}{\sqrt{\frac{375}{\pi}}}$$

$$=0.28\times\frac{250}{10.9}=6.4\ \Omega$$

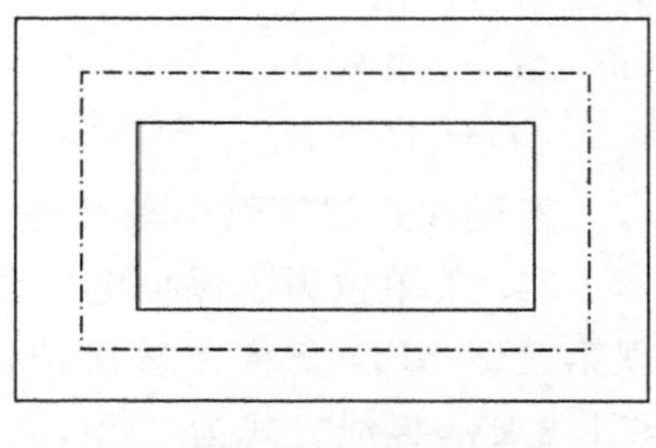

环形接地体平面示意图

答：环形接地体的工频电阻为 6.4 Ω。

27. 有一栋高 20 层的框架结构建筑物，建筑物设 20 条引下线，计算机主机房安放在第 6 层，要求主机房内磁场干扰场强 H_1 不大于 800 A/m。该大楼发生首次雷击，计算雷击电流为 150 kA 情况下的安全距离。(提示：1 A/m 在数值上相当于 0.001256 GS)

解：已知引下线 $N=20$，20 层大楼第 6 层分流系数 $K_c=1/N=1/20=0.05$

已知 $i_0=150$ kA，$i=i_0K_c=150$ kA×0.05=7.5 kA

已知 $H_1=800$ A/m，由于 1/m 在数值上相当于 0.01256 GS

所以 800 A/m 在数值上相当于(800 A/m×0.01256)＝10.048≈10 GS

根据 $B=\mu_0\ \dfrac{i}{2\pi S_a}=4\pi\ 10^7\ \dfrac{7.5\times10^3}{2\pi S_a}$　(由于 $it=10^4$GS，1 GS＝10^{-4}t)

得　$S_a=4\pi\times10^{-7}\times\dfrac{7.5\times10^3}{2\pi B}4\pi\times10^{-7}\times\dfrac{7.5\times10^3}{2\pi\times10\times10^{-4}}=\dfrac{15}{10}=1.5$ m

答：安全距离为 1.5 m。

注：i_0 为最大雷电电流；S_a 为雷击点与屏蔽空间之间的平均距离。

28. 有一栋 15 层高的二类防雷综合楼(长 30 m、宽 9 m)，设有 10 根防雷引下线，当在楼顶雷击点的雷电流为 10 kA(10/350 μs)，计算第 14 层和第 11 层的磁感应强度为 2.4 GS 时的安全距离。

解：最大雷电流 $i_0=10$ kA，引下线 $n=10$，第 14 层分流系数 $k_{c2}=\dfrac{1}{n}+0.1=\dfrac{1}{10}+0.1=0.2$，

则 14 层：$i=i_0\cdot k_{c2}=10$ kA×0.2＝2 kA

第 11 层分层系数 $k_{c4}=\dfrac{1}{n}=0.1$

则 11 层：$i=i_0\cdot k_{c4}=10$ kA×0.1＝1 kA

根据雷电流在引下线间产生安全距离

$S_a=\mu_0\ \dfrac{i}{2\pi B}$

式中，$\mu_0=4\pi\times10^{-7}$(Wb/mA)，B 为磁感应强度，单位为特斯拉 T(Wb/m²)

1 T＝10^4 GS ∴1 GS＝10^{-4} T，2.4 GS＝2.4×10^{-4} T

$\therefore S_a=4\pi\times10^{-7}\times\dfrac{i}{2\pi\times2.4\times10^{-4}}$

故第 14 层时的 $S_a=4\pi\times10^{-7}\times\dfrac{i}{2\pi\times2.4\times10^{-4}}=\dfrac{4}{2.4}=1.67$(m)

第 11 层时的 $S_a=4\pi\times10^{-7}\times\dfrac{i}{2\pi\times2.4\times10^{-4}}=\dfrac{4}{2.4}=0.83$(m)

答：第 14 层 2.4 GS 时的安全距离为 1.67 m，和第 11 层 2.4 GS 时的安全距离为0.83 m。

29. 右图建筑物有一组三相电源和信息线分装在二条金属管道内，并埋地进入建筑物内(建筑物属第三类防雷建筑物，有良好的防直击雷措施)，已知金属管可使雷电流减少至 30%，试估算首次雷击每相电源入户处，应安装电涌保护器 SPD 的最小通流量为多少？

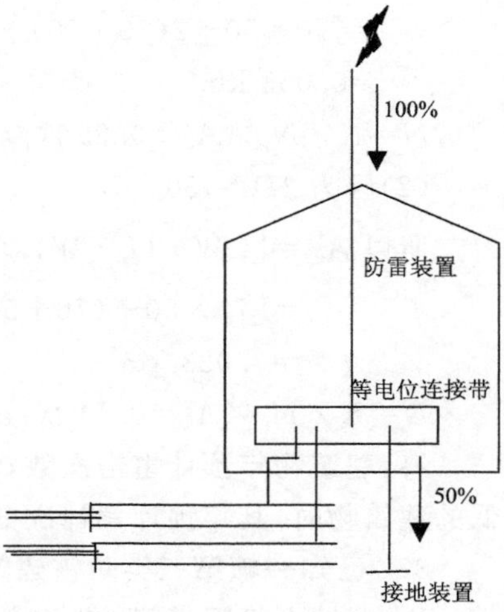

解：按三类建筑物防雷要求，首次雷击雷电流为 100 kA，有 50%进入防雷接地装置，还有 50%即 50 kA 流入金属管道，现有两条金属屏蔽管道，一组电源线一组信号线，各占 1/2，即电源线为 25 kA，由于屏蔽衰减 30%，且一组电源线是三相，即三根相线，所以流入每根相线的电流为

25G0.3/3=7.5 kA/3=2.5 kA。

答：安装在电源线每相的电涌保护器最小通流量为2.5 kA。

30. 有一座一类防雷的建筑物，由于各种原因不能安装独立接闪针，只能在屋面安装避雷带，按规定围绕建筑物敷设了环形接地体，接地体长25 m，宽10 m，实测该地土壤电阻率为850 Ω·m，问该环形接地体要不要补加接地体？如要补加，水平接地体应补加多长？垂直接地体应补加多长？

解：已知第一类防雷建筑物所在地的土壤电阻率ρ为500～3000 Ω·m时，对环行接地体所包围的面积的等效圆半径$r=(A/\pi)^{1/2}>(11\rho-3600)/380$ m的情况，环行接地体不需补加接地体；对等效圆半径$r=(A/\pi)^{1/2}<(11\rho-3600)/380$ m的情况，每一引下线处应补水平接地体或垂直接地体。

$\rho=850$ Ω·m，等效圆半径 $r=(A/\pi)^{1/2}=(25\times10/3.14)^{1/2}=79.6^{1/2}=8.9(\text{m})$

而$(11\rho-3600)/380\text{ m}=(11\times850-3600)/380=15.1(\text{m})$

$r=8.9<15.1(\text{m})$

所以需要补加接地体。

若补加水平接地体，应补加

$L_S=[(11\rho-3600)/380]-(A/\pi)^{1/2}=15.1-8.9=6.2(\text{m})$

若补加垂直接地体，应补加

$L_Z=\{[(11\rho-3600)/380]-(A/\pi)^{1/2}\}/2=6.2/2=3.1(\text{m})$

答：应补加水平接地体6.2 m或垂直接地体3.1 m。

31. 计算一幢长(L)70 m、宽(W)50 m、高(H)90 m建筑物年预计雷击次数。当这幢建筑物四周150 m范围内有与它等高或比它低的建筑物时，其年预计雷击次数又为多少？（设年平均雷暴日为49.9 d，校正系数$K=1$）

解：(1)$N=K\times N_g\times A_e=1\times N_g\times A_e$

$N_g=0.1T_d=0.1\times49.9=4.99$ 次/km²/a

$D=\sqrt{H(200-H)}=\sqrt{90(200-90)}=99.5$

$A_e=[LW+2(L+W)\sqrt{H(200-H)}+\pi H(200-H)]\times10^{-6}$

$=[70\times50+2(70+50)\sqrt{90(200-90)}+3.14\times90(200-90)]\times10^{-6}$

$=0.058\text{ km}^2$

$N=K\times N_g\times A_e=0.29$ 次/a

(2)因为$2D>150$

所以 $A_e=[LW+(L+W)\sqrt{H(200-H)}+\pi H(200-H)\div4]\times10^{-6}$

$=[70\times50+(70+50)\sqrt{90(200-90)}+3.14\times90(200-90)\div4]\times10^{-6}$

$=0.023\text{ km}^2$

$N=K\times N_g\times A_e=0.11$ 次/a。

答：建筑物年预计雷击次数0.29次/a。当这幢建筑物四周150 m范围有与它等高或比它低的建筑物时，其年预计累计次数为0.11次/a。

32. 已知一幢第三类防雷建筑物矩形平屋面的周边有女儿墙，其上安装有20 cm高接闪带，且女儿墙上接闪带间的距离为60 m，请问女儿墙上接闪带距屋面的垂直距离为1.2 m时，屋面上是否需要敷设接闪网？

解：$h_r-[h_{r2}-(d/2)^2]1/2=45-[452-(60/2)^2]1/2=11.5$ m。

答：接闪带距屋面的垂直距离小于 11.5 m，故需要敷设接闪网。

33. 计算一幢长(L)60 m、宽(W)40 m、高(H)70 m 建筑物年预计雷击次数。当这幢建筑物四周190 m范围内都有比它高的其他建筑物时，其年预计雷击次数又为多少？（设年平均雷暴日为 49.9 d，校正系数 $K=1$）

解：(1) $N=K\times N_g\times A_e=1\times N_g\times A_e$

$N_g=0.1T_d=0.1\times 49.9=4.99$ 次/(km^2·a)

$D=\sqrt{H(200-H)}=\sqrt{70(200-70)}=95.4$

$A_e=[LW+2(L+W)\sqrt{H(200-H)}+\pi H(200-H)]\times 10^{-6}$

$=[40\times 60+2(40+60)\sqrt{70(200-70)}+3.14\times 70(200-70)]\times 10-6=0.05$ km^2

$N=K\times N_g\times A_e=0.25$ 次/a

注：T_d 为年平均雷暴日；N_g 为建筑物所处地区年平均密度；A_e 为与建筑物截收相同雷击次数的等效面积。

(2)因为 $2D>190$　所以 $A_e=LW\times 10^{-6}=60\times 40\times 10^{-6}=0.0024$ km^2

$N=K\times N_g\times A_e=0.012$ 次/A。

答：建筑物年预计雷击次数 0.25 次/a。当这幢建筑物四周 $2D$ 范围内都有比它高的其他建筑物时，其预计累计次数为 0.012 次/a。

34. 某小区内有一长(L)200 m、宽(W)100 m、高(H)24 m 的高层住宅，其余均为多层住宅，每栋楼间距为 30 m。问该建筑物的年预计雷击次数为多少？该建筑物为何类建筑物防雷？（该地区年平均雷暴日数为 30 d）

解：$N=KN_gA_e$　$k=1$

$N_g=0.1T_d=0.1\times 30=3$ 次/(km^2·a)

$D=\sqrt{H(200-H)}=\sqrt{24(200-24)}=64.99$ m

$2D>30$ m

$A_e=[LW+(L+W)\sqrt{H(200-H)}+\pi H(200-H)\div 4]\times 10^{-6}$

$=[200\times 100+(200+100)\sqrt{24(200-24)}+3.14\times 24(200-24)\div 4]\times 10^{-6}$

≈ 0.043 km^2

$N=1\times 3\times 0.043=0.13$ 次/a

答：该建筑物为第三类防雷建筑物。

35. 已知一根接闪针离地的高度 $h=30$ m，按滚球半径 $h_r=45$ m，计算接闪针在 10 m 高度($h_x=10$ m)的平面上的保护半径 r_x 和接闪针在地面上的保护半径 r_o。

解：接闪针在 10 m 高度的平面上的保护半径 r_x

$r_x=\sqrt{h(2h_r-h)}-\sqrt{h_x(2h_r-h_x)}$

$=\sqrt{30(2\times 45-30)}-\sqrt{10(2\times 45-10)}=14.17$ m

接闪针在地面上的保护半径 r_o

$r_o=\sqrt{h(2h_r-h)}=\sqrt{30(2\times 45-30)}=42.43$ m

答：接闪针在 10 m 高度平面上的保护半径 r_x 为 14.17 m，接闪针在地面上的保护半径 r_o 为 42.43 m。

36. 有一栋建筑物高 90 m、长度为 120 m、宽度为 60 m。建筑物所在地年平均雷暴日(T_d)为 30 d。假设建筑物四周 180 m 范围内都有比它低的其他建筑物时，请计算该建筑物年预计雷击次数，校正系数 k 取 1。

解：$H=90$ m　$L=120$ m　$W=60$ m　$T_d=30$　$k=1$

$N_g=T_d\times 0.1=30\times 0.1=3$ 次/(km² · a)

$$A_e=[L\times W+(L+W)\sqrt{H(200-H)}+\pi H(200-H)/4]\times 10^{-6}$$
$$=[120\times 60+(120+60)\sqrt{90(200-90)}+3.14\times 90(200-90)/4]\times 10^{-6}$$
$$=0.0329\ \text{km}^2$$

$N=k\times N_g\times A_e=1\times 3\times 0.0329=0.099$ 次/a

答：建筑物年预计雷击次数为 0.099 次/a。

37. 有一栋建筑物高为 110 m、长度为 80 m、宽度为 20 m。建筑物所在地年平均雷暴日(T_d)为 40 d。假设建筑物四周 150 m 范围内都有等高的其他建筑物时，请计算该建筑物年预计雷击次数，校正系数 k 取 1。

解：$H=110$ m　$L=80$ m　$W=20$ m　$T_d=40$　$k=1$

$N_g=T_d\times 0.1=40\times 0.1=4$ 次/(km² · a)

$$A_e=[L\times W+H\times(L+W)+\pi H^2/4]\times 10^{-6}$$
$$=[80\times 20+110\times(80+60)+3.14\times 1102/4]\times 10^{-6}$$
$$=0.026\ \text{km}^2$$

$N=k\times N_g\times A_e=1\times 4\times 0.026=0.104$ 次/a

答：建筑物年预计雷击次数为 0.104 次/a。

注：T_d 为年平均雷暴日；N_g 为建筑物所处地区年平均密度；A_e 为与建筑物截收相同雷击次数的等效面积。

38. 假设有一栋建筑物为第三类防雷建筑物，与最大正极性雷电流对应的滚球半径为 200 m、建筑物长度 50 m、高度 40 m，在闪电击在建筑物附近磁场强度最大的最坏情况下，计算雷击点与屏蔽空间之间平均距离的最小值 S_a。

解：滚球半径 $R=200$ m

建筑物长度 $L=50$ m

建筑物高度 $H=40$ m

$$S_a=\sqrt{H(2\times R-H)}+L/2=\sqrt{40(2\times 200-40)}+50/2=145\ \text{m}$$

答：雷击点与屏蔽空间之间平均距离的最小值为 145 m。

39. 一幢建筑物的内部金属框架如下图所示，共有 12 根引下线。请计算其分流系数。

解：引下线数量 $n=12$

相邻两引下线之间的距离 $c=3$ m

相邻两环形导体的距离 $h=5$ m

$$k_c=1/(2n)+0.1+0.2\times\sqrt[3]{c/h}=1/(2\times 12)+0.1+0.2\times\sqrt[3]{3/4}=0.31$$

答：分流系数为 0.31。

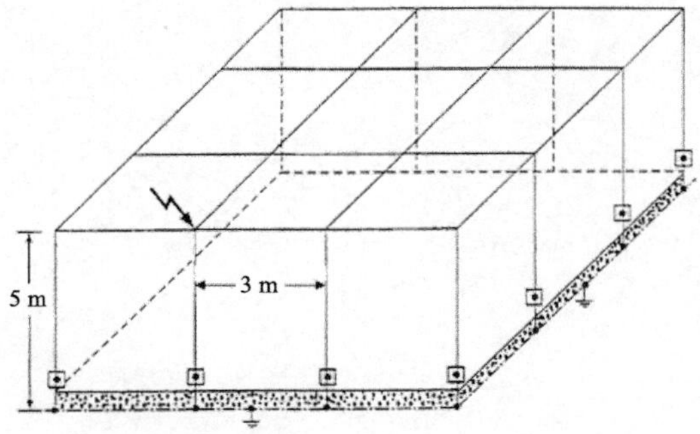

40. 有一栋 16 层高的楼，设有 10 根防雷引下线，雷击楼顶时的雷电流为 20 kA，测量第 15 层和 12 层的雷击磁感应强度为 2.4×10－4 T(Wb/m^2)，置放在第 15 层和第 12 层的电子设备距墙体中引下线的安全距离是多少？

解：i_0＝20 kA，引下线 n＝10

第 15 层分流系数 k_{c2}＝(1/10)＋0.1＝0.2

第 15 层 $i_{14}=i_0\times k_{c2}$＝20×0.2＝4 kA

第 12 层分流系数 k_{c2}＝(1/10)＝0.1

第 12 层 $i_{12}=i_0\times k_{c5}$＝20×0.1＝2 kA

按照雷电流流过引下线时，电子设备离引下线的安全距离

$S_a=\mu_0\times(i/2\pi B)$

$\mu_0=4\pi\times10^{-7}$(Wb/mA)

第 15 层和 12 层的雷击磁感应强度 B＝2.4×10－4 T(Wb/m^2)

第 15 层 $S_a=4\pi\times10^{-7}\times(4/2\times\pi\times2.4\times10^{-4})=3.33$(m)

第 12 层 $S_a=4\pi\times10^{-7}\times(2/2\times\pi\times2.4\times10^{-4})=1.67$(m)

答：第 15 层电子设备离墙体中引下线的安全距离应为 3.33 m，第 12 层电子设备离墙体中引下线的安全距离应为 1.67 m。